MÉTHODE PRATIQUE

DE

LA COUPE DES VOILES

DES NAVIRES ET EMBARCATIONS,

SUIVIE

DE TABLES GRAPHIQUES

FACILITANT LES DIVERSES OPÉRATIONS DE LA COUPE,
AVEC OU SANS CALCUL,

Ouvrage offrant aux Capitaines des renseignements
utiles à la mer,

PAR B. CONSOLIN,

Auteur du *Manuel du Voilier*, Professeur du Cours de Voilerie à Brest.

PARIS,

MALLET-BACHELIER, IMPRIMEUR-LIBRAIRE

DU BUREAU DES LONGITUDES, DE L'ÉCOLE IMPÉRIALE POLYTECHNIQUE,

Quai des Grands-Augustins, 55.

—

1863

MÉTHODE PRATIQUE

DE

LA COUPE DES VOILES

DES NAVIRES ET EMBARCATIONS.

LIBRAIRIE DE MALLET-BACHELIER.

OUVRAGE DU MÊME AUTEUR.

MANUEL DU VOILIER, revu et publié par ordre de S. Exc.
M. l'Amiral *Hamelin*, Ministre de la Marine; ouvrage approuvé
pour l'instruction des Élèves de l'École Navale et pour celle
des Voiliers des Arsenaux. Grand in-8 sur jésus, de 528 pages
et 11 planches; 1859 .... 12 fr.

PARIS. — IMPRIMERIE DE MALLET-BACHELIER,
rue de Seine-Saint-Germain, 10, près l'Institut.

MÉTHODE PRATIQUE

DE

LA COUPE DES VOILES

DES NAVIRES ET EMBARCATIONS,

SUIVIE

DE TABLES GRAPHIQUES

FACILITANT LES DIVERSES OPÉRATIONS DE LA COUPE,

AVEC OU SANS CALCUL,

Ouvrage offrant aux Capitaines des renseignements
utiles à la mer,

PAR B. CONSOLIN,

Auteur du *Manuel du Voilier*, Professeur du Cours de Voilerie à Brest.

PARIS,

MALLET-BACHELIER, IMPRIMEUR-LIBRAIRE

DU BUREAU DES LONGITUDES, DE L'ÉCOLE IMPÉRIALE POLYTECHNIQUE,

Quai des Grands-Augustins, 55.

—

1863

PRÉFACE.

En publiant ce petit ouvrage, *essentiellemen* *pratique*, mon but a été de vulgariser *la coupe de voiles* en la mettant à la portée de tous les homme de ma profession. Un grand nombre d'entre eu: m'ont provoqué et encouragé dans cette œuvre et j'ose espérer qu'en répondant à leurs désirs j leur aurai rendu un service réel.

Les jeunes gens surtout qui auraient acqui cette petite instruction pourraient aborder facile ment le complément des connaissances du métier publié déjà dans le *Manuel du Voilier*. En atten- dant, ils trouveront ici les éléments de la coupe des voiles qui sont indispensables dès le début er navigation.

A la mer, privé d'un Voilier capable de taille dans la toile, un Capitaine serait heureux de trouver sous sa main une méthode de coupe simple, facile et sûre.

J'espère, dans ce Traité, avoir atteint le double but que je me propose.

B. C.

HISTORIQUE

DES INNOVATIONS QUI ONT ÉTÉ INTRODUITES DANS LA CONFCTION DES VOILES.

————

Aujourd'hui, dans la Marine impériale, tous les voiliers connaissent déjà plus ou moins bien les détails de confection déterminés par les règlements de 1854. Dans les ports marchands ces détails sont déjà, pour la plupart, connus d'un grand nombre de praticiens, et l'expérience a justifié pleinement l'adoption de méthodes que la Marine du commerce, plus encore que la Marine impériale, aurait tout avantage à employer. En effet, l'économie lui est encore plus nécessaire qu'à celle-ci, et comme ses bâtiments portent moins de voilure, elle a un intérêt d'autant plus grand à en tirer tout le parti possible, au double point de vue de la marche et de la durée du matériel.

Nous donnons ici quelques fragments de l'historique des innovations introduites dans la voilerie, empruntés à notre *Manuel du Voilier*, pour montrer à quels vices des anciennes pratiques nous avons voulu porter remède.

Coutures. — Les améliorations apportées dans l'assemblage par le **mou** et les **coutures forcées** sont manifestes : tous les marins savent la différence qui existe entre une voile aurique ou latine plane et la même voile coupée courbe. La connaissance des règles qui donnent ces voiles, et non l'envie de les avoir, était ce qui manquait. Il est facile à tout voilier intelligent de comprendre que les détails de la couture, tels que nous les avons exposés dans le *Manuel*, ne sont pas moins importants pour le résultat que les règles mêmes de la coupe.

Renforts et doublages. — L'addition de renforts assez nombreux et la coupe des tabliers avec côtés droits n'exigent pas non plus une longue justification. Chacun sait que les voiles s'usent plus vers les points d'attache, de tension et de traction, que dans les autres parties de leur surface. Les renforts et doublages parent à cet inconvénient. Le tablier en échelettes avait celui de doubler le centre de la voile sans le renforcer, et de fatiguer beaucoup les laizes aux échelettes. Il ne renforçait pas la voile puisque les différentes laizes agissaient isolément l'une de l'autre, séparées qu'elles étaient par les échelettes; au contraire, le tablier fait à part, et ayant des côtés droits rattachés directement à l'envergure par les laizes du centre, est un véritable renfort longitudinal et transversal.

Les échelettes fatiguent le fond de la voile, parce que, rattachant isolément chaque laize du tablier à la laize correspondante de la voile, elles obligeaient celles-ci à en porter tout le poids. Ce poids attaché horizontalement, *c'est-à-dire à un seul fil de trame*, fatiguait promptement les chaînes qui le couvraient, et, longtemps avant que le reste de la voile fût usé, on voyait *rire* les coutures des échelettes, les angles s'arracher, et le hunier réclamait toujours les premières réparations dans cette partie. *Aujourd'hui le contraire a lieu.*

La pose particulière qui a été indiquée pour les bandes de ris et doublages n'exige pas non plus une justification, puisque tous les voiliers savent combien l'usure se manifeste plus promptement aux coutures transversales que dans toutes les autres parties des voiles. Or, il résulte de la nouvelle pose que, lorsque cette fatigue commence à compromettre la voile, on peut lui rendre toute la solidité voulue en faisant une couture nouvelle *rabattue* sur la toile qu'on a conservée intacte dans le rempli ou dans le bord du lis des doublages, et sur une partie non fatiguée des laizes de la voile.

Pose des ralingues. — De tout temps les voiliers ont su qu'il fallait boire de la toile en posant les ralingues d'envergure et de bordure des voiles carrées ; seulement, on avait pris l'habitude de laisser la *boisson* au jugement de l'ouvrier. La méthode nouvelle, qui consiste à donner sous le palan à la ralingue toute l'extension dont elle est susceptible, est évidemment bien préférable. Elle détermine *avec précision* ce qu'auparavant il fallait déterminer *par conjecture,* et permet d'employer au ralingage de certains côtés à peu près tous les ouvriers indistinctement. On va donc aussi plus vite et plus sûrement qu'autrefois en besogne. La différence principale entre la confection nouvelle et l'ancienne n'est pas dans ces détails qui se justifient par eux-mêmes, elle est surtout dans la confection des points d'attache où sont fixées les manœuvres et cargues au moyen desquelles on établit les voiles, et si, *à priori*, l'avantage des nouvelles méthodes n'est pas aussi évident ici, on peut dire qu'un examen attentif l'y montre plus grand peut-être que dans tout le reste. C'est cet examen que nous allons entreprendre spécialement au sujet des points d'écoute des huniers, parce que la même démonstration pourra s'appliquer à tous les autres.

Les ralingues d'une voile ont un double rôle à remplir. Elles protègent ses côtés contre les ruptures et supportent les attaches des manœuvres et cargues.

Comme les tensions des écoutes et amures sont très-fortes, il paraît d'abord impossible de les appliquer à la toile elle-même, et de là est venue l'habitude ancienne de les attacher uniquement à la ralingue. Jusqu'en 1833, dans la marine de guerre, les points étaient formés par le simple rapprochement des ralingues de chute et de bordure bridées par un amarrage, et servant d'estrope à la moque d'écoute. (Voir *fig.* 99, *Pl. V, Manuel du Voilier.*) Les inconvénients principaux de ce système étaient les suivants :

1º Les ralingues étranglées travaillaient mal et inégalement, perdaient une partie de leur force, et, malgré la grosseur excessive qu'on était arrivé à leur donner, elles rompaient souvent à l'amarrage, soit quand on bordait, soit même dans la voile établie au vent. Cette avarie, plus fréquente dans la ralingue de bordure que dans aucune autre malgré sa force, entraînait presque toujours la perte de la voile, quand elle avait lieu de mauvais temps. En pareil cas, la perte d'une voile peut entraîner celle du navire.

2º La moque estropée dans la ralingue ne pouvant pas présenter son clan à l'ouverture de celui de la basse vergue, il y avait *un demi-tour* dans l'écoute et dans le point, dont les chances de rupture et de travail inégal se trouvaient ainsi très-augmentées. En outre, les moques d'écoute cassaient souvent à cause de la torsion qu'elles supportaient.

3° L'étranglement de cordes aussi roides que les ralingues ne pouvant jamais se faire par un coude brusque, le point avait *du battant ;* l'angle de la voile était étranglé aux dépens de sa surface jusqu'à une certaine distance des points; il *faisait poche* aux dépens de la qualité de bien établir et de faire planche au vent.

4° Enfin la tension n'étant pas donnée directement à la toile, mais uniquement à la ralingue, il arrivait deux choses qui s'enchaînent : l'une, que la toile n'avait d'autres tensions intérieures que celles qui lui venaient des ralingues; l'autre, que les coutures qui fixaient la toile aux ralingues fatiguaient beaucoup, puisqu'elles étaient les seules attaches de la voile.

Ces défauts, connus de tous les marins, avaient fait chercher les remèdes. En 1833, on imagina le point *cosses baguées.* (Voir *fig.* 95, *Pl. VI, Manuel du Voilier.*) Dans ce point, les ralingues sont encore étranglées par un amarrage ; mais il est fait sur une cosse dans laquelle on en bague une autre qui porte l'estrope de la moque d'écoute. Le seul avantage de ce point sur le précédent était de *défaire le demi-tour,* de préserver ainsi les moques et écoutes, et d'atténuer un peu les chances de rupture sur les ralingues. Il en laissait pourtant assez pour que les avaries fussent encore fréquentes. D'ailleurs, **tous les autres inconvénients subsistaient;** l'un d'eux même était augmenté, c'était le *battant* du point et la diminution de chute et de surface qui en résulte pour la voile. Aussi beaucoup d'officiers préféraient-ils l'ancien point pour ce seul motif.

Le point d'écoute actuel vient parfaitement à l'appel de la basse vergue, et par conséquent n'ôte rien à la chute ni à la bordure du hunier.

Les ralingues s'écartent librement et développent l'angle de la voile, dont, pour ces deux motifs, la surface est aussi grande que possible.

Il n'y a plus de demi-tour, de sorte que les moques d'écoute ne fatiguent point.

Les ralingues n'étant plus cassées ni étranglées par les amarrages, leurs torons travaillent tous ensemble également, de sorte que, la force entière du filin étant employée, on a pu en *réduire considérablement la grosseur*, et pourtant éviter les avaries.

La toile est directement fixée à la cosse du point aussi bien qu'aux ralingues, et tout travaille ensemble d'une manière aussi avantageuse au bon établissement de la voile qu'à sa durée.

Enfin, tandis que dans les anciens points indistinctement, soit qu'ils fussent à amarrages ou à cosses baguées, l'estrope de la cargue-point décapelait presque toujours en cas d'avarie, de sorte que, la cargue faisant défaut dans le moment où elle était si nécessaire, la perte de la voile en résultait presque toujours; dans le nouveau point, la cargue ne manque *jamais*, à moins que sa propre estrope ne casse, et, par conséquent, on pourrait toujours carguer la voile défoncée.

Du reste, il n'est pas à notre connaissance qu'il se soit fait d'avaries sérieuses *par ralingues cassées* avec le nouveau point. Les rares avaries qui se sont produites ont eu lieu *dans le point même*, parce que la confection en était défectueuse, et cela pouvait sembler inévitable dans les premières applications générales d'une innovation....

Un dernier avantage de cette confection, c'est que lors même qu'elle est mal faite, et que, par conséquent, une avarie y est inévitable, *elle se produit lentement*, de sorte qu'en faisant la visite des voiles on a le temps de s'en apercevoir et de la prévenir....

A la seule objection qu'on peut faire aux nouvelles méthodes, et qui serait d'exiger un travail plus minutieux, plus soigné, partant plus cher que celui d'autrefois, nous répondrions ainsi :

Plus les machines sont parfaites, plus l'exécution en est délicate. Plus un métier exige de la part de l'ouvrier de l'intelligence, du soin et du travail, plus il l'élève et le grandit. Quant à la dépense, non-seulement la petite élévation du prix de main-d'œuvre que peut causer une bonne confection est bien payée par les avantages qu'on en retire ; mais ici elle est tellement dépassée par l'économie résultant de la **plus-durée des voiles,** qu'on peut affirmer que les procédés nouveaux exposés dans le **Manuel du Voilier** seront trouvés *extrêmement économiques* par les **Armateurs** et **Capitaines** qui les emploieront.

Deux mots sur les toiles à voiles.

A toutes les époques l'amélioration des toiles à voiles a été chez les nations maritimes le sujet de recherches nombreuses. En France, malgré les transformations qu'elles ont subies, jusqu'à ce jour elles sont toujours restées *vicieuses* en un point capital, que la *pratique seule* pouvait révéler. Nous voulons parler du *tissage*. En effet, du tissage dépend la force, la souplesse et la plus-durée d'une toile. Ces trois qualités essentielles seront obtenues quand nos toiles auront en *chaîne* et en *trame* une proportion exacte entre les capacités de résistance et les chances futures de fatigue. Ceci dans la *toile à voiles* exigerait *des chaînes plus fortes que les trames*. **Le contraire a lieu actuellement.**

Pourtant la toile à voiles dans laquelle on parviendra à obtenir un bon rapport entre la chaîne et la trame sera la seule vraiment *forte* et vraiment *légère*, parce qu'elle aura de la force là où il en faut, et nulle part une substance inutile; elle sera aussi la seule durable, puisqu'elle ne périra pas en chaîne avant que d'être usée en trame; et pour toutes ces raisons, elle sera la seule **économique.**

Telles sont les conclusions de notre Traité sur les toiles de manufacture actuellement en usage dans les voileries des ports militaires et du commerce, Traité qui est le fruit d'études approfondies et qui peut mettre les fabricants sur la voie de progrès notables, aussi avantageux pour leur propre industrie que pour le consommateur. (*Voir* page 484, *Manuel du Voilier.*)

MÉTHODE PRATIQUE

DE

LA COUPE DES VOILES

DES NAVIRES ET EMBARCATIONS.

NOTIONS PRÉLIMINAIRES.

CE QU'IL FAUT APPRENDRE OU CONNAÎTRE DÉJA, AVANT D'ABORDER LES TABLES DE COUPE.

§ 1. L'art du Voilier consiste à construire des voiles de telle sorte qu'elles *établissent* bien, qu'elles aient la plus grande surface possible, une forme avantageuse à la marche, une résistance convenable à l'effort du vent et une longue durée.

§ 2. Une voile est l'assemblage de plusieurs laizes réunies par des coutures et dont les bords sont soutenus par un cordage appelé **ralingue.**

§ 3. Une laize est une bande de toile d'une largeur uniforme, et tissée avec deux systèmes de fils croisés à angles droits. Les fils qui font la largeur de la laize sont cachés dans l'intérieur du tissu et s'appellent **fils de trame;** les fils qui font la longueur de la laize et qui recouvrent les trames s'appellent **chaînes;** les bords de la laize s'appellent **lis.**

§ 4. Les toiles à voiles sont fabriquées en pièces de 5o à 6o mètres de longueur, sur une largeur de o^m,57. Sur chaque bord ou lis, et à o^m,o3 environ en dedans de ce bord, un fil de couleur indique au voilier la place ordinaire des coutures qui sont habituellement de o^m,o3; de sorte que chaque laize ne contribue à la largeur de la voile où elle entre que pour o^m,54. On nomme **largeur réduite** cette largeur de o^m,54 : c'est celle qu'on désigne dans le langage usuel par ces mots : *largeur d'une laize* ou *largeur des laizes,* parce qu'effectivement la largeur d'une laize en place dans la voile est de o^m,54.

§ 5. On entend par **droit fil** d'une laize la largeur en trame, ou encore la direction de ses fils de trame.

§ 6. Les terminaisons des laizes s'appellent **coupes,** et il y en a deux sortes : *la coupe au droit fil* et *la coupe oblique;* la première, coupant les fils de chaîne seulement; la seconde, coupant à la fois les fils de trame et les fils de chaîne. L'angle que le trait de la coupe fait avec le bord de la laize dépend de la forme de la voile et de la place que la laize y occupe; quand cet angle est droit, c'est-à-dire quand les laizes sont coupées au droit fil, on les appelle *laizes carrées.*

§ 7. On nomme **triangle de coupe** la différence entre la longueur de la laize coupée au droit fil et celle de la laize coupée suivant la direction oblique. Soit EFG (*fig.* 1, *Pl. I*). Dans le triangle FEG, la direction EG, suivant laquelle on coupe la laize, s'appelle

longueur de coupe, le côté FG s'appelle **coupe** ou **hauteur de coupe.**

§ 8. Il y a trois formes de voiles principales employées dans la marine :

1° Les **voiles triangulaires;** ce sont les *focs*, les *voiles latines* et les *voiles d'étais;*

2° Les **voiles** dites **carrées;** ce sont les *basses voiles*, les *huniers*, les *perroquets* et les *cacatois;*

3° Les **voiles auriques;** ce sont les *brigantines*, les *voiles de goëlette*, les *voiles de lougre, de cutter, d'embarcations* et certaines *voiles d'étais.*

Les côtés d'une voile prennent les noms suivants :

L'envergure est le côté supérieur attaché à la *vergue* ou à la *draille*, s'il y en a une.

La **bordure** est le côté inférieur de la voile opposé à l'envergure et tendu par les **écoutes** ou **amures.**

Les **chutes** et les **côtés** sont le ou les côtés de la voile autres que les précédents.

DE L'ÉCHELLE DE PROPORTION.

§ 9. Quand on a une voile à faire, il faut commencer par en faire le tracé avant de couper les laizes qui, cousues ensemble, doivent la former.

Si la voile est petite et la salle de coupe assez grande, l'opération est simple. Il suffit, une fois les dimensions données, de tracer sur le plancher la voile en vraie grandeur. Quand il s'agit de voiles un peu grandes, ce moyen n'est pas applicable. Il faut donc figurer en petit ce que l'on veut exécuter en grand, et le tracé, pour être exact, doit être fait en proportion, c'est-à-dire avoir toutes ses parties en rapport avec celles de la voile à fabriquer. On fait donc une figure semblable à celle de la voile avec les dimensions amoindries, c'est-à-dire qu'au lieu de prendre l'unité de longueur (le **mètre**) on prend une unité beaucoup plus petite, une fraction de mètre généralement, et que l'on remplace par cette unité et par ses subdivisions chaque mètre et chaque fraction du mètre qu'on veut représenter.

On appelle *échelle de proportion* la figure spéciale où l'on réunit d'une manière commode toutes ces divisions et subdivisions du mètre, et, suivant que la quantité prise pour représenter un mètre est **un**, **deux**, ou **trois** centimètres, par exemple, on dit avoir une échelle d'un, deux, trois centimètres.

Soit une ligne AB (*fig.* 2, *Pl. I*) sur laquelle, à partir du point A, je porte autant de fois 2 centimètres que la longueur du papier le permet; aux points extrêmes A et B j'élève deux perpendiculaires AE, BH, sur chacune desquelles, à partir des points A et B, je porte dix fois une ouverture de compas arbitraire. Je joins les points de division des perpendiculaires par des lignes qui seront évidemment parallèles (à égale distance l'une de l'autre) à AB, puis, par les points de division de AB, je lui élève des perpendiculaires.

Puisque AF est de 2 centimètres, et, par suite, représente le mètre, AL sera de 2 mètres, AB de 3 mètres, et ainsi de suite; si donc, aux points A, F, L, B, etc., je place les numéros o, 1, 2, 3, ils indiqueront où prendre, avec un compas, la longueur qui correspond à 1, 2, 3, 4 mètres, etc.

Pour avoir les subdivisions du mètre, je partage AF

en dix parties égales, ainsi que EC. Les divisions correspondantes de AF, c'est-à-dire A a (ou Ek), Ab (ou El), Ac (ou Em), etc., me donneront les longueurs qui correspondent à 10 centimètres ou 1 décimètre, 20 centimètres ou 2 décimètres, 30 centimètres ou 3 décimètres, ainsi de suite; et je trace les lignes Ak, al, mb, cn, etc.

Les divisions AF, AL, AB, etc., fournissent les mètres; les divisions Aa, Ab, Ac, etc., fournissent les décimètres; les divisions xy, vz, etc., fournissent les centimètres. L'échelle est donc construite, et il sera facile, avec cette figure, de tracer sur le papier une longueur quelconque à l'échelle de 2 centimètres pour mètre.

Dans la pratique, l'échelle de proportion se fait comme l'indique la *fig.* 3, *Pl. I*, qui n'est autre que la *fig.* 2 débarrassée des lettres qui ont servi à l'explication et dans laquelle on a placé les chiffres indiquant les diverses divisions.

MANIÈRE DE SE SERVIR DE L'ÉCHELLE DE PROPORTION.

§ 10. Je suppose avoir besoin de mesurer une longueur donnée : 2^m,35, par exemple. Je cherche la ligne horizontale qui donne les 5 centimètres : c'est celle qui porte le n° 5. Comme outre les 5 centimètres la quantité demandée a 3 décimètres, je compte à gauche de 5 centimètres trois divisions, et j'arrive ainsi à un point O, sur lequel je place une pointe de compas; j'ouvre alors le compas jusqu'à ce que l'autre pointe rencontre sur la même horizontale la ligne de 2 mètres, ce qui a lieu au point R. L'ouverture du compas est alors 2^m,35; les indications de la figure sont d'ailleurs suffisamment claires.

Si on n'avait eu à chercher qu'un nombre de décimètres, il eût fallu les mesurer sur la ligne supérieure ou inférieure; pour cela on eût placé la pointe du compas sur les divisions indiquant le nombre de décimètres, et ouvert l'autre pointe jusqu'à la rencontre de la transversale faisant connaître le nombre de mètres.

SIGNIFICATION DES SIGNES ARITHMÉTIQUES EMPLOYÉS DANS NOS CALCULS.

1° Pour indiquer que deux nombres doivent être ajoutés l'un à l'autre, on les sépare par le signe +, lequel se prononce **plus**; ainsi 10^m,oo + o^m,20 indique qu'au nombre 10^m,oo il faut ajouter le nombre o^m,20.

2° Pour indiquer qu'un nombre doit être retranché d'un autre, on les sépare par le signe —, qu'on prononce **moins**; ainsi 9^m,12 — o^m,3o indique que le nombre o^m,3o doit être retranché de 9^m,12.

3° Pour indiquer que deux nombres sont égaux entre eux, on les sépare par le signe =, qui veut dire **égal à**; ainsi 10^m,oo + o,20 = 10^m,20.

4° Pour indiquer que deux nombres doivent être multipliés l'un par l'autre, on les sépare par le signe ×, qu'on prononce **multiplié par**; ainsi 7 × 2^m,8o indique que 7 doit être multiplié par 2^m,8o.

5° Pour indiquer que deux nombres doivent être divisés l'un par l'autre, on les sépare par le signe —, en plaçant au-dessus de ce trait le nombre qui doit être divisé, et en dessous le nombre qui divise. Ce signe se prononce **divisé par**; ainsi $\frac{20}{5}$ indique que 20 doit être divisé par 5.

Pour représenter des quantités, on emploie les lettres de l'alphabet, et les signes que nous venons d'indiquer y sont quelquefois attachés. Par exemple, $A + B$ indique que la quantité que représente A doit être ajoutée à celle que représente B. Il en sera de même de $A - B$, de $A \times B$ et de $\frac{A}{B} = C$. Ces derniers exemples sont rarement employés dans nos démonstrations.

PREMIÈRE PARTIE.

MÉTHODE POUR PRENDRE A BORD LA MESURE DES VOILES, SUIVIE DE LA COUPE, A COTÉS DROITS, DE QUELQUES-UNES.

Nous avons indiqué les formes de voiles principales employées dans la navigation. Nous allons traiter de la coupe de ces voiles dans le même ordre de classification, en commençant par le foc.

Mais d'abord indiquons la méthode pratique pour s'en procurer les dimensions, à bord d'un navire.

PRENDRE LES MESURES D'UN FOC A BORD D'UN NAVIRE.

§ 11. Dans le chaumard de bordure, on passe une fausse écoute CE (*fig. 4, Pl. I*), terminée par une cosse en fer destinée à servir de retour et à figurer le point d'écoute.

On frappe une fausse **drisse** sur une bague de **draille,** ainsi que deux lignes à mesures. L'une de ces lignes, portant le n° 1, représente l'envergure AD ; elle suit sa direction. L'autre ligne vient passer dans la cosse d'écoute et retourne au point d'amure A ; c'est la ligne n° 2. Une troisième ligne vient représenter la **double bordure,** dont l'un des bouts est fixé par un cabiot dans la cosse d'écoute; l'autre bout allant en A est le n° 3.

Un homme placé à l'amure du foc tient en main ces trois bouts de ligne; il les file ou les abraque, à mesure que la cosse du point d'écoute **monte** ou **descend,** selon la manœuvre qu'on exerce sur le point de drisse ou sur la fausse écoute.

Dès que la surface de la voile est déterminée, on marque les lignes au point A, et l'on amène le système, que l'on mesure sur le pont.

On mesure les **lignes de chute** et **de bordure** à la fois, et l'on **défalque** de cette quantité la **bordure vraie,** fixée par le cabiot; l'excédant donne la **chute** du foc. L'envergure se mesure sur la ligne qui longe sa draille.

Quand on fixe la bordure d'avance, il est d'usage de lui donner pour longueur la longueur du **bout-dehors de beaupré,** prise du capelage à la caisse. De même, si l'on voulait régler d'avance les dimensions de l'envergure, le point de drisse du foc ne devrait pas dépasser les huit ou neuf dixièmes de la longueur de sa draille, mesurée de capelage en capelage, pour les navires à **trait carré.**

Pour établir le point d'écoute **à l'œil,** il faut que l'angle compris entre la direction de la fausse écoute et la ligne de chute du foc **ne soit pas plus petit qu'un angle droit.**

TRACÉ ET CALCUL DU FOC.

§ 12. **Tracé.** — Les mesures du foc que nous venons d'obtenir de grandeur naturelle vont nous servir pour le représenter en plan réduit, au moyen de l'échelle de proportion, dont nous connaissons l'usage (§ 10).

Supposons que les dimensions soient les suivantes :

Envergure .... 5^m,77
Chute .... 4^m,4o
Bordure .... 2^m,78

Je commence par tracer une ligne AB (*fig. 5, Pl. I*), égale à 4^m,4o, relevée sur une échelle de proportion (§ 9). Du point B comme centre, je décris un arc de cercle, avec un rayon (ouverture de compas) de 2^m,78 (bordure), mesuré sur la même échelle. Enfin, du point A comme centre, avec une ouverture de compas égale à 5^m,77 (envergure), je décris un second arc de cercle coupant le premier en C ; je tire les lignes CA et CB, et le triangle ABC est le plan du foc, tel que je l'ai relevé à bord du navire ; car il a pour chute AB (4^m,4o), pour bordure CB (2^m,78) et pour envergure AC (5^m,77).

Du point C, qui est le point d'amure, je mène sur la ligne AB prolongée, s'il en est besoin, une perpendiculaire CD, qui est le **droit fil** d'écoute ; je le mesure sur l'échelle, ainsi que la distance DB de son pied au point d'écoute.

Nous rappellerons (§ 5) que le **droit fil** est la direction des fils de trame de chaque laize, dans le sens de sa largeur.

Si je rapporte le droit fil CD sur l'échelle qui a servi à construire le plan, je le trouve de 2^m,69, et la distance DB me donne o^m,70.

Avec ces deux éléments du tracé, nous allons effectuer la coupe de la voile, par de simples calculs.

§ 13. **Calcul.** — Nous avons indiqué (§ 4) que chaque laize ne contribue à la largeur de la voile que pour 0^m,54 et que cette largeur se nomme **largeur réduite.** En conséquence, si le droit fil CD est divisé par la largeur réduite 0^m,54, il donnera au quotient le nombre de laizes nécessaire pour couvrir le plan du foc.

EXEMPLE :

Droit fil.... CD = 2^m,69	
Valeur des gaînes (*) 0^m,20	

$$\text{Total}.......... \quad 2^m,89 \quad \big|\ 0^m,54$$
$$190 \quad \big|\ \overline{5^l,35}$$
$$280$$
$$10$$

Nous trouvons que le droit fil CD renferme 5 laizes et 35 centièmes de laize, comme l'indique la *fig.* 6, *Pl. I*, revêtue de ses **triangles de coupe** (§ 7).

Les coupes de bordure ne sont autre chose que la hauteur des petits triangles, dont la **somme totale** (0^m,70) est contenue de B en D. Si nous divisons cette somme par le nombre de fois 0^m,54 renfermé dans le droit fil CD (5 + $\frac{35}{100}$), nous obtiendrons la hauteur de coupe partielle des triangles de bordure.

$$\text{La valeur de la somme totale BD} = 0^m,700 \quad \big|\ 5^l,35$$
$$1650 \quad \big|\ \overline{0^m,13}$$
$$45$$

(*) Ourlet qui entoure une voile et qui est destiné à en renforcer les bords : il est ici de 0^m,10.

Les hauteurs de coupe à la bordure seront de $0^m,13$ pour les laizes entières. La fraction de coupe au point d'amure, ayant pour droit fil les 35 centièmes de la largeur de la laize, aura également les 35 centièmes de la hauteur de coupe entière que nous venons de déterminer, soit $0^m,04$.

Ainsi la somme BD se trouve partagée régulièrement dans les laizes de bordure du foc.

Quant aux coupes de l'envergure, dont les hauteurs Ac, Fd, etc., égalent, par leur addition, la valeur AD, on les obtient par un calcul analogue, c'est-à-dire que l'on divise les valeurs AB + BD par le même diviseur ($5^l,35$); le quotient donne la hauteur des coupes entières AC, qui revient à chaque terminaison de laize de l'envergure.

EXEMPLE : Valeurs.....
$\begin{cases} AB = 4^m,40 \\ BD = 0^m,70 \\ Gaînes\ 0^m,20 \end{cases}$

Total.......... $5^m,300$ | $5^l,35$
4850 | $0^m,99$
035

Il revient pour hauteur de coupe $0^m,99$, de A en E, à chaque laize entière. La laize fractionnaire du point d'amure, dans ce calcul, aura pour sa part les 35 centièmes de $0^m,99$, soit $0^m,35$.

DU TABLEAU DE COUPE.

§ 14. Le foc qui vient d'être tracé et calculé est un foc relevant à l'écoute de $0^m,70$. Cette valeur étant comprise dans la **somme** qui a servi à déterminer la coupe à l'envergure, elle devra être retranchée de la hauteur AD, dans le tableau de coupe qui va suivre.

Le tableau de coupe d'une voile est un tableau qui renferme tous les éléments nécessaires à la coupe et à l'assemblage des laizes. Dans le foc qui nous occupe, ces éléments sont au nombre de six, savoir :

1° Le numéro des laizes ;

2° La coupe à l'envergure ;

3° La coupe à la bordure ;

4° La différence ou somme des coupes ;

5° Le petit côté des laizes ou lis du vent ;

6° Le grand côté des laizes ou côté de coupe.

Tableau de coupe d'un foc relevant à l'écoute.

NUMÉROS DES LAIZES........	$\frac{35}{100}$	1	2	3	4	5
	m	m	m	m	m	m
Coupes { à l'envergure........	0,35	0,99	0,99	0,99	0,99	0,99
{ à la bordure........	0,04	0,13	0,13	0,13	0,13	0,13
Différence..................	0,31	0,86	0,86	0,86	0,86	0,86
Lis du vent..................	0,00	0,31	1,17	2,03	2,89	3,75
Grand côté........	0,31	1,17	2,03	2,89	3,75	4,61

Le grand côté de la laize n° 5 réalise 4m,61, valeur égale à la chute augmentée des gaînes à $\frac{1}{100}$ près. Cette différence est insignifiante.

Dans ce tableau, la longueur respective de chaque laize est indiquée dans la quatrième et la cinquième rangée de chiffres horizontaux. La quatrième rangée, appelée **lis du vent**, est le petit côté de chaque laize ; ce petit côté, augmenté de sa propre coupe, devient le grand côté, lequel se porte sur l'échelle de coupe (§ 26), où il reçoit, à chaque extrémité, la hauteur de coupe (§ 7) indiquée au tableau.

Si le foc **tombait** à l'écoute au lieu de **relever**, comme dans le cas présent, les opérations seraient identiques, mais le **droit fil** CD (*fig.* 7, *Pl. I*) serait dans l'intérieur de la voile. Par conséquent la chute, au lieu de 4^m,61, aurait 6^m,01, c'est-à-dire 1^m,40 de plus de B en E.

Le tableau suivant en offre la preuve.

Tableau de coupe d'un foc tombant à l'écoute.

Numéros des laizes.......	$\frac{35}{100}$	1	2	3	4	5
	m	m	m	m	m	m
Coupes { à l'envergure	0,35	0,99	0,99	0,99	0,99	0,99
{ à la bordure.........	0,04	0,13	0,13	0,13	0,13	0,13
Somme...............	0,39	1,12	1,12	1,12	1,12	1,12
Lis du vent...............	0,00	0,39	1,51	2,63	3,75	4,87
Grand côté...............	0,39	1,51	2,63	3,75	4,87	5,99

Ce revirement de calcul dans le foc tombant à l'écoute nous conduit à 5^m,99 de chute, gaînes comprises.

En effet, la cinquième laize du foc qui **relève** à l'écoute développe 4^m,61, de A en E (*fig.* 7), et celle du foc qui **tombe** d'une même quantité BD augmente de ED + BD, ou 0^m,70 + 0^m,70, soit 1^m,40. Ainsi, en portant 1^m,40 sur 4^m,61, dans le tableau précédent, nous eussions obtenu 6^m,01, valeur à peu près égale à 5^m,99, résultant du calcul dans celui-ci.

Quand un foc a la bordure coupée au droit fil (§ 5),

la coupe étant nulle, le tableau de coupe ne renferme que les coupes d'envergure, dont la somme totale représente AD. En pareil cas, ici, la dernière laize de chute aurait 5^m,3o de longueur, **longueur moyenne** entre la chute du foc qui relève à l'écoute et celle du foc qui tombe.

DÉTERMINER LES MESURES D'UN HUNIER A BORD DU NAVIRE.

§ 15. On prend mesure à bord, lorsqu'on n'a ni le plan de voilure ni le devis de mâture du bâtiment, et qu'on veut s'épargner la peine de les faire, soit parce que le temps manque, soit parce qu'il ne s'agit que d'une seule voile.

On se contente alors de chercher les dimensions nécessaires pour la coupe qu'on doit exécuter, et il est évident qu'il peut y avoir plusieurs manières de les obtenir. Celles que nous allons indiquer sont sûres et exactes; aussi, bien qu'on puisse s'y prendre autrement, nous croyons devoir engager les voiliers à n'employer d'autres méthodes qu'après mûr examen.

Pour obtenir les dimensions d'envergure et de bordure du hunier ou de toute autre voile haute carrée, il suffit de relever les dimensions exactes des vergues entre les taquets d'envergure, et d'en retrancher ce qui est nécessaire au ridage des empointures et au battant des *écoutes*.

1° **La longueur de l'envergure de la voile doit être égale à l'envergure de la vergue, moins deux fois à deux fois et demie son gros diamètre.** Cette quantité équivaut à peu près à quatre largeurs de gaîne.

2° **La longueur de la bordure doit être égale à l'envergure de la basse vergue, moins deux fois à deux fois et demie le diamètre de la vergue de hune** (*).

3° **La longueur de la chute au carré doit être égale à la longueur totale du mât de hune, diminué du ton et des trois quarts de son diamètre.** Cette mesure est nécessaire pour les huniers établis avec des drisses à doubles itaques, dont les poulies donnent un battant assez grand. Mais lorsque la drisse est simple, comme celle des perroquets, il suffit de retrancher le **ton** (**).

––––––––––––––

(*) On peut amoindrir ce ridage d'après le système de point d'écoute.

(**) Sur les bâtiments de guerre, où l'on attache une grande importance à donner aux voiles une surface aussi grande que les dimensions de la mâture le permettent, et où d'ailleurs les moyens de réparation à bord ou à terre ne manquent pas, les dimensions des voiles neuves doivent être celles qu'on vient de déterminer pour ce hunier. Sur les bâtiments de commerce, où l'économie des matières est la question la plus importante, et où d'ailleurs les moyens de faire à bord des retouches considérables manquent souvent, il est sage de faire à l'allongement (inévitable en chaîne) des toiles une part un peu plus forte. Dans ce but, nous engageons les personnes qui voudraient faire confectionner des voiles carrées d'après les mesures et rapports que nous exposons ici, à raccourcir préalablement *les chutes* des 2 ou 3 centièmes de leur longueur. Ce raccourcissement obviera d'une manière plus que suffisante à tout allongement ultérieur de ces voiles. Dans les envergures et bordures aucune diminution ne serait utile, puisque la toile **n'allonge pas en trame**. (*Voir* l'Appendice au *Manuel du Voilier*, p. 483.)

EXEMPLES.

1° *L'envergure.*

Longueur totale de la vergue.	$11^m,03$
Bouts ou bois morts à déduire.....	$1^m,80$
Reste de taquet en taquet.........	$9^m,23$
2 ½ diamètres à déduire..........	$0^m,53$
Reste pour *envergure* sur toile....	$8^m,70$

2° *La bordure.*

Longueur de la basse vergue de *clan* en *clan*....................	$13^m,33$
2 ½ diamètres à déduire..........	$0^m,75$
Reste pour *bordure* sur toile......	$12^m,58$

3° *La chute.*

Longueur totale du mât de hune..	$11^m,27$
Ton à déduire....................	$1^m,47$
Reste du capelage à la caisse......	$9^m,80$
Les 3/7 du diamètre du mât à déduire	$0^m,21$
Reste pour chute au carré........	$9^m,59$

§ 16. **Trace de la voile.** — Le hunier ayant des côtés symétriques, nous n'allons représenter que la moitié de sa surface, à l'aide des dimensions que nous venons de déterminer et auxquelles nous ajouterons les gaînes.

Envergure.......	$8^m,70 + 0^m,26 =$	$8^m,96$
Bordure.........	$12^m,58 + 0^m,26 =$	$12^m,84$
Chute au carré....	$9^m,59 + 0^m,26 =$	$9^m,85$

Je trace (*fig. 8, Pl. I*) une ligne AD, égale à la moitié de la bordure 6^m,42, relevée sur une échelle de proportion (§ 9). Au point A, j'élève une perpendiculaire AB, égale à 9^m,85, et par le point B je mène BC parallèle à AD; joignant le point C au point D, la surface ABCD représente exactement la moitié du hunier. Dans cette partie de la voile se trouve comprise la moitié des laizes de l'envergure, dont le carré BOMA contient les laizes entières. La portion OCDM renferme les pointes et fractions de pointes du côté.

Nous remarquerons que le double de AD est égal à la bordure entière, que le double de BC est égal à l'envergure. En conséquence, si nous divisons ces deux bases par 0^m,54, largeur réduite de la laize (§ 4), nous obtiendrons le nombre de laizes nécessaire pour couvrir le plan de la voile.

Opérations.

Bordure.....	12^m,84	0^m,54
	2^m,04	23^l,77
	420	
	420	
	42	
Envergure....	8^m,96	0^m,54
	3^m,56	16^l,59
	320	
	500	
	14	

Il résulte de ces opérations, à la bordure ainsi qu'à l'envergure, un nombre de laizes accompagné des fractions $\frac{77}{100}$ et $\frac{59}{100}$.

2.

La fraction $\frac{59}{100}$ vaut à peu près $\frac{3}{10}$ de laize sur droit fil, de O en C, et $\frac{1}{10}$ en hauteur de coupe.

Pour donner aux pointes du côté la hauteur de coupe qui leur revient, on établit la différence des laizes d'envergure et de bordure, et la moitié de ce résultat sert de diviseur à la hauteur EC du triangle ECD.

Opération.

Nombre de laizes...	Bordure.......	$23^l,77$
	Envergure.....	$16^l,59$
	Différence...	$7^l,18$
	$\frac{1}{2}$ différence..	$3^l,59$

Cette quantité de $3 + \frac{59}{100}$ laizes exprime les laizes en pointes et fractions de pointe de la portion de surface OCDM.

Nous avons dit plus haut que la fraction de vergue $\frac{3}{10}$, sur droit fil (*), valait en hauteur les $\frac{7}{10}$ de la coupe entière. Si nous retranchons les $\frac{7}{10}$ de la **demi-différence** $3^l,59$, il restera $2^l,89$ en pointes, dont la somme des hauteurs égale IJ (*fig.* 9, *Pl. I*).

En effet, 2 laizes entières $+ \frac{7}{10}$ de laize $+ \frac{80}{100}$ égalent la démi-différence $3^l,59$.

Calculons maintenant la coupe du côté.

La coupe du hunier **à côtés droits** s'obtient d'une manière analogue à celle du foc plan.

(*) Pour convertir des fractions de laize, sur droit fil, en fractions décimales, il suffit de multiplier le numérateur de la fraction par la largeur réduite de la laize.

EXEMPLE : $3 \times 0^m,54 = 0^m,162$.

Opération.

Chute au carré, augmentée des gaînes. $9^m,85$ | $3^m,59$

$2^m,670$ | $2^m,74$

1530

094

Le quotient $2^m,74$ est la hauteur de coupe qui revient aux laizes entières. Quant à la coupe des fractions exprimées plus haut, on l'obtient en *multipliant* la coupe entière par le **numérateur** de la fraction :

La fraction d'envergure.... $\frac{7}{10} \times 2^m,74 = 1^m,92$

La fraction de bordure..... $\frac{80}{100} \times 2^m,74 = 2^m,44$

Coupes de 2 laizes.................... $5^m,48$

Chute au carré... $9^m,84$

Ces résultats donnent la chute à $\frac{1}{100}$ près, erreur qui provient des restes de calcul négligés, et qu'il est facile de corriger dans le tableau suivant :

Tableau de coupe d'un hunier à côtés droits.

Nᵒˢ DES LAIZES...	$\frac{80}{100}$	1	2	$\frac{7}{10}$	DIMENSIONS.	
	m	m	m	m		m
Coupes au côté.	2,44	2,74	2,74	1,93	Envergure.....	8,70
Lis du vent.....	0,00	2,44	5,18	7,92	Bordure.......	12,58
Grands côtés....	2,44	5,18	7,92	9,85	Chute au carré.	9,85
					Gaînes........	0,26
16 laizes coupées à $9^m,85$.						

CALCULER LES MESURES D'UN PERROQUET.

§ 17. Le perroquet est une voile légère qu'on établit au-dessus des huniers. Les dimensions se calculent de la manière suivante :

Règle.

L'envergure des perroquets est égale à la vergue de perroquet, **moins** le bois mort et $2\frac{1}{2}$ fois le diamètre au fort de la vergue.

La bordure est égale à la vergue de hune de clan en clan, **moins** $1\frac{1}{4}$ fois le diamètre au fort de la vergue.

La chute au carré est égale au mât de perroquet mesuré du capelage à la caisse, **plus** les $\frac{3}{100}$ de cette quantité.

Opérations.

Longueur totale de la vergue de perroquet...	$7^{m},35$
Somme des bouts ou bois mort à **déduire**....	$0^{m},66$
Longueur de taquet en taquet.............	$6^{m},69$
$2\frac{1}{2}$ diamètres à **déduire**................	$0^{m},35$
Envergure sur toile..............	$6^{m},34$
Longueur de la vergue de hune de clan en clan..	$9^{m},15$
$1\frac{1}{4}$ diamètre à **déduire**................	$0^{m},31$
Bordure sur toile (*droit fil*).........	$8^{m},84$
Longueur du mât de perroquet du capelage à la caisse....................	$5^{m},40$
Augmentation des $\frac{3}{100}$ de $5^{m},40$............	$0^{m},16$
Chute au carré.................	$5^{m},56$

Les dimensions de la voile de perroquet, d'après ces résultats, seront les suivantes :

Envergure............. 6^m,34
Bordure............... 8^m,84
Chute................. 5^m,56
Gaîne................. 0^m,10

CALCULER LES MESURES D'UN CACATOIS.

§ 18. Le cacatois est une voile légère qui se place au-dessus du perroquet. Les dimensions de cette voile se calculent d'après la règle suivante :

L'envergure est égale à la vergue, **moins** les bouts et 2 $\frac{1}{2}$ fois le diamètre au fort de la vergue.

La bordure est égale à la vergue du perroquet mesurée de clan en clan, **moins** 1 $\frac{1}{4}$ diamètre pris au fort de la vergue.

La chute au carré est égale à la flèche du mât de perroquet, mesurée du capelage.

Opérations.

Longueur totale de la vergue de cacatois..... 5^m,51
Somme des bouts ou bois morts à **déduire**.... 0^m,46
_____
Longueur de taquet en taquet.............. 5^m,05
2 $\frac{1}{2}$ diamètres à **déduire**.................... 0^m,25
_____
Envergure sur toile............... 4^m,80
Longueur de la vergue de perroquet, de clan
en clan.............................. 7^m,25
1 $\frac{1}{4}$ diamètre à **déduire**.................... 0^m,18
_____
Bordure sur toile (*droit fil*) .... 7^m,07
Longueur de la flèche de capelage en capelage
(chute au carré)......................... 3^m,68

Les dimensions du cacatois, d'après les résultats de ces calculs, sont les suivantes :

Envergure........... $4^m,8o$

Bordure............ $7^m,o7$

Chute au carré...... $3^m,68$

Gaîne............. $o^m,o8$

DÉTERMINER LES MESURES D'UNE GRAND'VOILE CARRÉE A BORD DU NAVIRE.

§ 19. La basse vergue qui portera la voile étant à poste, le voilier montera pour y marquer à chaque bord la place où il veut faire venir les empointures d'envergure. La distance des marques ainsi faites, mesurée sur place, donnera **l'envergure de la basse voile.**

Si le bas mât est vertical, et si les drosses de la basse vergue sont mobiles, on mesure sur le pont la distance du retour d'amure à la face avant de l'étembrai raccourcie d'environ *un dixième ;* cette distance donne la longueur E f (*fig.* 10, *Pl. I*), c'est-à-dire la moitié de la droite de bordure. Si **le bas mât est incliné,** ou si **les drosses de la basse vergue sont à charnières,** on oriente la vergue au plus près du vent, d'une façon horizontale, et de son milieu V on laisse tomber sur le pont un fil à plomb qui donne la position du point P. On en mesure la distance au retour d'amure A, et les $\frac{9}{10}$ de cette distance donnent encore **la demi-bordure.**

Pour obtenir V f, on ajoute à VF (la chute au mât) la

moitié de la distance du pont au fond de la voile, et la somme est prise pour la **chute au carré.**

La chute au mât est égale à VF : elle est réglée par la hauteur des dromes, des bastingages ou du gaillard, quand il s'agit d'une misaine, et sur les navires de commerce par la volonté du capitaine. On mesure donc VP, on détermine PF, et la différence donne la **chute au mât.**

En agissant ainsi on obtiendra toujours un résultat correct, c'est-à-dire que la voile établira bien sur un retour d'amure placé en A. Pour qu'elle établisse bien en arrière de VP, il faut encore que le retour de l'écoute soit placé de manière à tendre convenablement la partie sous le vent ; et, lors même qu'il en est ainsi, on ne peut pas encore en conclure que la voile a vraiment une bonne forme, car si le retour d'amure est trop en avant, la voile est **véritablement défectueuse.** Mais alors la faute en est à l'aménagement du navire et non au voilier, qui, lorsque le bâtiment est armé, ne peut que se régler sur la position des retours et sur les dimensions de la mâture pour couper sa voile. C'est ce qu'il aura fait en suivant cette méthode pratique.

Les dimensions de la misaine carrée s'obtiennent d'une manière analogue à celles de la grand'voile, eu égard à la hauteur du gaillard d'avant, au-dessus duquel le fond de la voile doit être élevé de 0m,60 à 0m,80.

Sur les navires à voiles il est rare que la misaine ait plus de bordure que d'envergure ; mais aujourd'hui, que l'application presque générale des machines à la navigation oblige de changer la position des mâts, et que, par suite de ces dispositions, la bordure de la misaine augmente, nous la traiterons comme la grand'-voile.

En résumé, voici la règle qu'on pourrait suivre pour les **basses voiles :**

Envergure. Égale à la vergue, **moins** les bouts et $2\frac{1}{2}$ fois son gros diamètre. Cette quantité est à peu près équivalente à quatre largeurs de gaîne.

Chute au mât. Égale à la longueur du bas mât, mesuré du pont à la face inférieure des élongis, **moins la somme des distances du pont au fond de la voile, et la longueur des jottereaux.**

Chute au carré. Égale à la chute au mât, **augmentée** de la flèche d'échancrure du fond.

Droite de bordure. Égale à la longueur de l'envergure de la voile, augmentée de 2 à 3 laizes en pointes (au plus) de chaque côté, suivant la hauteur des mâts. Il va sans dire que la position du retour d'amure **doit être réglée en conséquence.** Nous avons supposé plus haut que le piton était déjà en place et qu'on ne veut pas le changer : il faut bien se résoudre à prendre mesure de la bordure, quoiqu'il fût plus rationnel **de poser le retour à la place convenable pour la voile.**

CALCULER LES DIMENSIONS DE LA GRAND'VOILE.

Longueur de la vergue de taquet en taquet.	13^m,43
2 diamètres au fort de la vergue à déduire..	0^m,48
Envergure sur toile...	12^m,95

Chute au mât. — Longueur du bas mât du pont

à la face inférieure des élongis............. 12^m,20

A déduire $\begin{cases}\text{Distance du pont au} \\ \quad\text{fond.............. } 2^m,20 \\ \text{Longueur du jottereau} \\ \quad\frac{1}{10}\text{ du mât de hune... } 1^m,13\end{cases}$ 3^m,32

——————

8^m,87

A augmenter de la flèche au fond......... 1^m,10

Chute au carré........ 9^m,97

Droite de bordure égale à l'envergure...... 12^m,95

4 pointes égales...................... 2^m,16

——————

Bordure sur toile..... 15^m,11

VOILES AURIQUES.

Les voiles auriques planes ont leurs côtés **droits.**
On détermine ces voiles en mesurant les quatre côtés,
qui sont l'envergure, la bordure, la chute au mât, la
chute arrière, et en mesurant, en outre, une des diagonales de la voile ; on choisit de préférence la diagonale de l'écoute, c'est-à-dire une ligne qui joint le
point d'écoute à l'angle opposé appelé *galet, gorge*
ou *mâchoire de la corne.*

MANIÈRE DE PRENDRE LES MESURES D'UNE BRIGANTINE OU GRAND'VOILE GOÉLETTE, À BORD DU NAVIRE.

§ 20. On mesure la longueur de la corne, de A
en B (*fig.* 11, *Pl. I*), **moins** 0^m,30 en dedans du
bois mort. On frappe une ligne à ce point et l'on
hisse la corne à bloc, moins 20 à 30 centimètres. On
règle ensuite son apiquage.

La ligne de **chute arrière** passe dans une cosse

de retour, retenue par une **fausse écoute,** et revient, en longeant le gui, aboutir au pied du mât.

Une seconde ligne, mesurant la bordure et fixée par un cabillot dans la cosse du point, revient également au point d'amure D.

Une ligne passée dans une cosse placée à la mâchoire A prend deux directions : l'une vers le point C où on l'amarre, c'est la diagonale d'écoute; l'autre ligne longe le mât et le mesure.

Un homme placé en D tient en main toutes ces lignes et suit le mouvement de la fausse écoute.

Dans cette opération, le gui doit être élevé de manière à parer son repos, supposé horizontal. Le point C, figurant le point d'écoute de la voile, doit être maintenu de $0^m,40$ à $0^m,50$ au-dessus du gui, en se rapprochant de l'amure de la même quantité, afin de laisser l'espace nécessaire au battant de la moque ou de la poulie d'écoute.

Quand ces lignes travaillent ensemble, un homme monte à la mâchoire de la corne, fait une marque de séparation entre la ligne qui longe le mât et celle qui mesure la diagonale, pendant que l'homme qui se tient au pied du mât réunit toutes les lignes par un nœud. On amène le système et l'on procède au mesurage de marque en marque :

1° Pour le mât de la voile ;

2° Pour la bordure ;

3° Pour la diagonale.

Quant à la chute arrière, on l'obtient, comme celle du foc, en défalquant la longueur de la ligne CD de la **chute et bordure.** Le reste de cette soustraction donne la chute arrière.

Les mesures d'une voile goëlette **sans gui** s'obtiennent d'une manière analogue à celles de la brigantine, sauf les particularités suivantes :

Le point d'amure doit être fixé à 1^m,50 du pont ; celui d'écoute élevé de 0^m,50 à 1 mètre au-dessus du point d'amure. On doit lui établir une bordure modérée : cinq à six pointes au plus suffisent pour donner une bonne voile. Exagérer la bordure, c'est rendre la voile défectueuse, c'est-à-dire impropre à la marche au plus près du vent.

TRACÉ ET CALCUL DE LA BRIGANTINE.

Tracé. — Les dimensions de la brigantine que nous avons prises à bord du navire (§ 20) sont les suivantes :

Envergure...............	5^m,00
Bordure...............	6^m,30
Chute arrière...........	7^m,40
Chute au mât..........	4^m,00
Diagonale d'écoute........	7^m,00

§ 21. Pour représenter la **chute arrière**, je trace une ligne BC (*fig.* 12, *Pl. I*) ; je porte sur cette ligne une ouverture de compas égale à 7^m,40 relevée sur l'échelle de proportion, et du point B comme centre, avec un rayon égal à 5 mètres (envergure), je décris un arc de cercle en A ; j'ouvre les branches du compas à la demande de 7 mètres (diagonale), relevée toujours sur mon échelle, et, prenant C pour centre, je décris un second arc de cercle qui coupe le premier ; je joins le point A au point B, le point C au point A ;

j'obtiens ainsi le triangle BAC, dont le côté AB égale 5 mètres (envergure), le côté BC 7^m,40 (chute arrière), et le côté AC 7 mètres (diagonale). Le côté AC étant commun au second triangle CHA, je prends successivement pour centre les points A et C, en donnant au compas des ouvertures égales à 4 mètres (mât) et 6^m,30 (bordure); je décris en H deux arcs de cercle dont le point de rencontre indique la place du point d'amure. De ce point je trace une ligne en A, une autre en C, et je représente ainsi la surface de ma voile, encadrée dans des mesures semblables à celles que j'ai relevées par la mâture du bâtiment.

Selon nos usages, en France, dans les voiles auriques et latines, les laizes sont situées **parallèlement à la chute arrière.**

Si, du point d'amure H et du point de gorge A, je mène HD et AF perpendiculaires à la chute BC, ces lignes seront des **droits fils** (§ 5). Enfin, par le point A, si je mène une troisième ligne AG, perpendiculaire au droit fil d'amure HD, je décompose ma voile en quatre parties :

1° Le **triangle de coupe** d'envergure.. ABF ;
2° Le triangle de coupe du mât......... AGH ;
3° Le triangle de coupe de bordure...... HDC ;
4° Le carré de la voile................ AFDG.

Ensuite je mesure les droits fils DH et FA à l'échelle ; le premier, celui de bordure, égale 6 mètres ; le second, celui d'envergure, 4^m,60. En ajoutant à ces quantités la valeur des gaînes et les divisant successivement par la largeur de laize réduite 0^m,54, j'obtiens le nombre de laizes nécessaire pour couvrir le plan de ma voile.

Opérations.

Droit fil DH .... $6^m,00$

Gaînes .... $0^m,20$

    Donnent .... $6^m,20$ | $0^m,54$

                   80 | $11^l,5$

                   260

Droit fil FA .... $4^m,60$

Gaînes .... $0^m,20$

    Donnent .... $4^m,80$ | $0^m,54$

                 480 | $8^l,88$

                 400

J'établis la différence de ces deux résultats :

$$11^l,50$$
$$8^l,88$$

Différence .... $2^l,62$

Cette différence $2^m,62$ des laizes de bordure à celles de la vergue, comme au hunier, me sert à diviser la somme AG. Cette somme n'est autre chose que la hauteur d'un des triangles désignés plus haut et dont les hauteurs réunies égalent la chute BC.

En effet, si nous mesurons à l'échelle AG+BF+DC, ils donneront les nombres

$$3^m,70 + 2^m,20 + 1^m,50 = 7^m,40$$

chute arrière.

Or, ces valeurs $3^m,70 + 2^m,20 + 1^m,50$, divisées successivement par le nombre de laizes et fractions de laize contenues dans les droites GH, FA et DH, donneront pour quotient : 1° la coupe **moyenne** du mât; 2° celle de la vergue ; 3° celle de la bordure.

Calcul de la coupe au mât.

$$AG = 3^m,70 \ \bigg| \ \frac{2^l,62}{1^m,41}$$

$$\begin{array}{r} 1^m,080 \\ \hline 0320 \end{array}$$

La coupe moyenne du mât est de $1^m,41$. Mais je remarque que dans les angles A et H (*fig.* 13, *Pl. I*) il existe des fractions de laize qui prennent chacune deux directions : celle du haut parcourt le mât et l'envergure, et celle du bas le mât et la bordure. Ces coupes ont pour hauteur *an* et *ab*. Les hauteurs vers l'amure sont *hi* et *ij*; elles ont pour droit fil commun A *a* d'une part, et H *i* de l'autre.

Pour donner la part de coupe à la fraction du mât, il suffit de multiplier la fraction $\frac{12}{100}$ (en hauteur sur 0,88 en droit fil) de l'envergure, et la fraction $\frac{5}{10}$ de la bordure, par la coupe entière $1^m,41$.

Opérations.

$$\text{Fraction } \frac{12}{100} \times 1^m,41 = 0^m,16$$
$$\text{Fraction } \frac{5}{10} \times 1^m,41 = 0^m,70$$
$$\text{Valeur de deux coupes entières} \quad 2^m,82$$
$$AG = \overline{3^m,68}$$

Nous réalisons ainsi la somme $3^m,70$ à $\frac{2}{100}$ près, erreur facile à corriger.

Calcul des coupes de la vergue.

La somme BF est de........ 2ᵐ,200 | 8ˡ,88
                            4ᵐ,3oo | ‾‾‾‾‾‾‾
                               748o | 0ᵐ,248
                                376

Ce résultat nous donne 0ᵐ,248 ou 0ᵐ,25 de hauteur de coupe *om* à l'envergure. Nous transformons
ainsi le quotient de la division afin de ne pas introduire plus de deux décimales dans notre tableau de
coupe. La part de fraction $\frac{88}{100}$ résulte du produit de
son numérateur par la coupe entière *om* (0ᵐ,25), soit
0ᵐ,21. Le droit fil A*a* ($\frac{88}{100}$) sera, en mesure métrique,
de 0ᵐ,47.

Calcul des coupes à la bordure.

La somme DC est de...... 1ᵐ,5oo | 11ˡ,5
                          0ᵐ,35o | ‾‾‾‾‾‾
                             005 | 0ᵐ,13

Le résultat de cette division nous donne 0ᵐ,13 de
coupe pour laizes entières, de *k* en *l*. La part de la fraction $\frac{5}{10}$ sera de 0ᵐ,o6 environ, pris de *j* en *i*, et son
droit fil H*i*, également de $\frac{5}{10}$, sera de 0ᵐ,27, valeur de
la demi–laize.

Si nous réunissons les calculs qui précèdent, nous
trouverons :

1° Au mât, pointes entières, 2, plus 2 fractions de
laize dont une de $\frac{12}{100}$ au point de gorge, et une de $\frac{6}{10}$ à
la bordure.

2° A l'envergure, laizes entières, 8, et une fraction de $\frac{88}{100}$.

3° A la bordure, laizes entières, 11, et une fraction de $\frac{5}{10}$.

4° Chute au mât
$\begin{cases} \text{Coupe entière} \ldots\ldots\ldots & 1^m,41 \\ \text{Fraction du haut} \ldots\ldots & 0^m,16 \\ \text{Fraction du bas} \ldots\ldots & 0^m,70 \end{cases}$

5° Envergure
$\begin{cases} \text{Coupe entière} \ldots\ldots\ldots & 0^m,25 \\ \text{Fraction} \ldots\ldots\ldots\ldots & 0^m,21 \end{cases}$

6° Bordure
$\begin{cases} \text{Coupe entière} \ldots\ldots\ldots & 0^m,13 \\ \text{Fraction} \ldots\ldots\ldots\ldots & 0^m,06 \end{cases}$

Avec ces éléments, nous formerons le tableau de coupe suivant :

Tableau de coupe d'une voile aurique à côtés droits.

Numéros des laizes....	$\frac{5}{10}$	1	2	3 $\frac{12}{100}$	4	5	6	7	8	9	10	11
	m	m	m	m	m	m	m	m	m	m	m	m
Coupes — au mât......	0,70	1	1,41	0,16	"	"	"	"	"	"	"	"
Coupes — à l'envergure..	"	"	"	0,21 $\frac{88}{100}$	0,25	0,25	0,25	0,25	0,25	0,25	0,25	0,25
Coupes — à la bordure .	0,06	0,13	0,13	0,13	0,13	0,13	0,13	0,13	0,13	0,13	0,13	0,13
Somme ou différence ...	0,76	1,54	1,54	0,50	0,38	0,38	0,38	0,38	0,38	0,38	0,38	0,38
Lis du vent..........	0,22	0,98	2,52	4,06	4,56	4,94	5,32	5,70	6,08	6,46	6,84	7,22
Grands côtés..........	0,98	2,52	4,06	4,56	4,94	5,32	5,70	6,08	6,46	6,84	7,22	7,60

Dimensions..... Envergure, 5m,00. Bordure, 6m,30. Chute, 7m,40. Mât, 4m,00. Diagonale, 7m,00.

Dans ce tableau, nous portons au **lis du vent** $0^m,22$ pour gaînes au lieu de $0^m,20$, parce que dans l'addition des **sommes ou différences** nous avons reconnu une erreur de $0^m,02$. Dans le cas contraire, c'est-à-dire si l'erreur avait été en excédant, nous l'eussions retranchée des gaînes, afin que la chute arrière, qui résulte de ces nombres, fût exactement la chute donnée.

RELEVER LES MESURES D'UN FLÈCHE A BORD DU NAVIRE.

§ 22. La mesure d'un flèche peut toujours se prendre comme celle d'un foc, à la condition d'employer un tracé auxiliaire.

La corne étant hissée et placée dans la direction BC (*fig.* 14, *Pl. I*), il s'agit de relever les distances AB, BC et AC formant le triangle ABC :

AB, distance de clan en clan ;

AC, distance du clan de drisse à la corne ;

BC, distance du mât au clan d'écoute du flèche.

En possession de ces **trois mesures**, on trace le triangle ABC, et, sur le plan de mâture figuré, on détermine le flèche de la manière suivante :

Sur le côté AC on descend le point A en A' d'au moins $0^m,50$, et d'une quantité plus considérable si le flèche est très-grand ; on remonte le point B en B' de la même quantité. Enfin on descend le point C en C' d'au moins **un mètre**, souvent plus, comme le font les Anglais, qui placent le point d'amure de flèche près du tiers supérieur du bas mât.

Si le flèche est **triangulaire**, le triangle A'B'C' en donne la mesure.

Si le flèche est **quadrangulaire,** c'est-à-dire envergué, on prend le point A' comme suspension de la vergue de flèche, c'est-à-dire que du point A' on mène DE parallèle à la ligne BC, qui représente la corne, et sur ED on porte l'envergure en traçant la vergue au point A'. Quand on a marqué les points E et D, qui limitent l'envergure, on trace les côtés EC', C'B' et B'D, on mesure ces côtés à l'échelle du plan, ainsi que la diagonale EB', et la mesure du flèche est complète.

On peut, par d'autres moyens, obtenir des résultats analogues ; celui-ci nous paraît le plus simple et le plus court.

Pour la coupe de cette voile, nous renvoyons au tracé graphique de nos Tables, en la plaçant au rang des voiles essentiellement courbes.

RELEVER LES MESURES DE LA VOILURE D'UN CANOT.

§ 23. Le canot est mâté, la pente des mâts a été réglée d'avance. Le voilier frappe ses lignes à mesure aux bouts des vergues, de la manière suivante :

Aux points A, B, C (*fig.* 15, *Pl. I*) il amarre deux lignes. Aux points D, D', D'', à 0^m,10 ou 0^m,15 en dedans du bout de vergue, il fixe une troisième ligne.

On hisse les vergues jusqu'à ce que le point de suspension soit rendu à $\frac{1}{10}$ du mât, en dessous du clan de drisse.

Des **doubles lignes** fixées aux points A, B, C, les unes prennent la direction de la diagonale d'écoute (AJ, BI, CP) ; les autres servent de chute d'amure (de A en L, de B en K, et de C en O). On fait peser sur cette dernière, de manière à faire apiquer la vergue convenablement, puis on l'amarre provisoirement au croc d'amure, et l'on renvoie le reste de la ligne, en servant de bordure, rejoindre les lignes de chute e la diagonale.

Lorsque ces lignes sont réunies dans la direction des clans d'écoute, on les tend de manière à les faire travailler ensemble, et quand les points d'écoute sont jugés à bonne hauteur (le point de la misaine doit être moins élevé que celui de la grand'voile), on marie ces lignes par un nœud; puis on établit l'une d'elles en fausse écoute, pour servir à tendre toutes les autres.

Le voilier s'éloigne par le travers du canot et juge si le parallélisme des vergues entre elles est satisfaisant. Après quoi il revient établir les mesures du foc, d'après la configuration indiquée par les points M, N, O', puis il procède au mesurage des lignes.

RELEVER LES MESURES DES TENTES A BORD DU NAVIRE.

§ 24. Les tentes servent à bord à abriter le pont des navires.

La surface des tentes est horizontale. On ne peut pas les élever trop au-dessus du pont, sous peine d'en rétrécir la largeur, attendu qu'il n'est pas d'usage de les échancrer au portage des haubans. Ainsi limitée, la hauteur des tentes n'excède presque jamais 3 mètres au-dessus du pont. Elle se trouve donnée au voilier par la longueur des chandeliers où passent les filières.

Les vergues **d'avant** et **d'arrière** étant mises en place, on en mesure l'écartement total qui est **divisé** ensuite comme il suit :

1º Distance du point E (*fig.* 16, *Pl. I*), milieu de la vergue du marsouin, au point M, qui est l'arrière du mât de misaine. **Cette distance est la longueur du marsouin ou tente de poulaine.**

2º Distance du point M au point G (qui est l'arrière du grand mât). **Cette distance donne la longueur de la grand'tente ou tente de passe-avant.** Sur les navires à vapeur cette tente est souvent en **deux parties.**

3º Distance du point G au point A (qui est l'arrière du mât d'artimon). **Cette distance donne la longueur de la tente de gaillard d'arrière.**

4º Distance du point A au point B (qui est le milieu de la vergue de dunette). **Cette distance donne la longueur de la tente de dunette.**

On s'assure que la somme de ces quatre distances est bien égale à la longueur totale EB, puis on mesure les longueurs aux points E, M, G, A et B. On prend encore des mesures transversales telles que RS, VX, DC, HQ, JI, LK et OP, correspondant à la position des haubans et des montants, et avec ces mesures on trace le plan qui doit être symétrique autour de la ligne médiane EB.

Ces données sont suffisantes pour la coupe.

La coupe des tentes est fort simple. Chaque tente est formée de laizes transversales dont les coupes sont symétriques ; la somme de ces coupes, d'un angle à l'autre, est donc égale à la demi-différence entre la longueur de la tente et les extrémités d'un même côté droit. Ainsi, dans la *fig.* 16, on aurait une somme de coupe de E en VX, une autre de VX en M, etc.

DIFFÉRENTS MODES DE COUPER LES VOILES.

1° *Coupe au piquet.*

La coupe au piquet, ou sur place, a été l'enfance de
l'art du voilier. Elle consistait autrefois à piquer dans
le sable des pieux ou piquets figurant les angles d'une
voile, et à étendre les lignes côte à côte jusqu'à ce que
l'espace compris entre les piquets fût couvert. Cette
coupe a été perfectionnée. Elle sert pour les voiles
planes de petite dimension et même pour les voiles
courbes de canot.

§ 25. Voiles planes. — Soit HGDE (*fig.* 17, *Pl. I*)
le plan de la voile dont on a fait le tracé en vraie grandeur sur le plancher de la salle de coupe.

On enfonce des clous à chaque angle, et, de l'un à
l'autre, on tend des lignes pour figurer les côtés. Le
triangle EGD est d'abord formé par les lignes de
chute, de **diagonale** et d'**envergure.** Ensuite on
complète la surface au moyen des lignes de **mât** et
de **bordure.** On tend une première laize sur la chute
arrière en la laissant dépasser dans sa largeur, et de
chaque bout, de la quantité nécessaire à la gaîne, qui
est représentée dans la figure par une ponctuation.
Puis on pince la ligne sur la toile qui la couvre, de
manière à former un trait visible qui sert de guide à
la coupe parallèle de D en G, de G en H, de H en E,
indiquée par la ponctuation précitée. On continue
ainsi jusqu'à ce que le plan de coupe soit recouvert
en entier, après quoi on numérote chaque laize vers
le bas, et on les assemble d'après le recouvrement

des coutures qu'on a eu le soin de ménager dans chaque laize.

§ 26. **Voiles courbes.** — Soit (*fig.* 18, *Pl. I*) la voile représentée par les points A, B, C, D (§ 25) en vraie grandeur. Cela fait, on commence par calculer le raccourcissement de la diagonale d'écoute, de la manière suivante :

Du point A, on abaisse une perpendiculaire AF sur la chute BC. On divise cette ligne par 0^m,55 (largeur réduite de la laize entière 0^m,57), ou bien par 0^m,27, si la voile était faite à demi-laize.

Dans le premier cas, le produit de cette division donnera le nombre de laizes ou de coutures **(moins une)** nécessaires pour couvrir la voile dans cette partie où le recouvrement de la couture ne doit pas dépasser 0^m,02. On multiplie le nombre de coutures, trouvé égal au nombre de laizes **moins une,** par 0^m,02. Supposons, par exemple, 6 laizes de A en F : le nombre de coutures sera de 5. Or, 5 multiplié par 0^m,02 donne 0^m,10. Nous porterons ce résultat sur la ligne AF, de A en I, et nous mènerons IJ parallèle à BC, rencontrant la diagonale AC au point de raccourcissement AJ. Nous passerons ensuite à l'abaissement des **mous** (*).

Du point A', **tiers** inférieur de AB, on mesure A'F' parallèle à AF; on divise cette longueur par 0^m,55, et

_____

(*) Différence entre les longueurs de deux toiles qu'assemble une même couture. Dans la seconde partie nous expliquerons l'effet que ce mou produit dans les voiles auriques et latines

on obtient le nombre de laizes dans lequel on doit distribuer les mous.

Le premier mou (le plus fort) s'applique à la laize de chute BC, à raison de 0^m,01 par mètre. Soit 0^m,06 ; le mou de la seconde laize sera de 0^m,05, et celui de la troisième de 0^m,04, formant un total de 0^m,15.

Cette quantité de 0^m,15 est portée de B en B'. Alors, du point B' comme centre, avec une longueur égale à l'envergure, on décrit un arc de cercle en O ; puis du point C, choisi également pour centre, avec une autre longueur égale à la diagonale raccourcie, on décrit un second arc qui coupe le premier au point O. Du point O, avec les longueurs du mât AD et de la bordure CD, prenant successivement pour centre les points O et C, on décrit deux arcs de cercle en D', qui déterminent le point d'abaissement de l'amure. Vous obtenez ainsi la figure OBCD', dans les conditions relatives à la coupe. Pour compléter notre plan, nous traçons les courbes suivantes :

La courbe de la vergue se trace avec une règle ployante, du point O au point B. La flèche de cette courbe ne doit pas dépasser 0^m,02 par mètre d'envergure, et elle se fixe au milieu. Du tiers supérieur, on en trace une deuxième de M en B'. Cette dernière sert à guider le parallélisme des coupes de la vergue, à leur départ du point B, jusqu'en M, point où la coupe se continue parallèlement à la courbe BMO.

Le rond de bordure se trace du point C au point D' en passant par P, développement de sa flèche NP. Cette flèche a pour longueur $\frac{1}{8}$ à $\frac{1}{10}$ de la droite D'C. Elle est située plus près de l'amure que de l'écoute, dans la voile tombant à l'écoute. Mais quand le point est un angle droit, la flèche est placée au milieu de la bordure (*fig.* 24, *Pl. I*). Enfin, si le point relève (*fig.* 25), elle se rapproche de l'écoute.

Dans le cas où la voile en question serait à demi-laizes, on procéderait d'une manière analogue à celle que nous venons d'indiquer, si ce n'est qu'au lieu d'employer dans les différents calculs le diviseur $0^m,55$, on emploierait le diviseur $0^m,27$.

Quand ce tracé est ainsi préparé sur le plancher de la salle de coupe, on allonge à plat la première laize de chute de B en C, en la laissant à mesure déborder les lignes de la quantité $0^m,05$ ou $0^m,06$ pour gaîne, et en coupant ensuite chaque bout de laize parallèlement aux courbes OMB, CPD'.

La seconde laize recouvre la première de $0^m,04$ dans sa longueur. Mesurée du bas, elle est égale à la première laize, **moins** le mou à boire de $0^m,06$. La troisième laize égale la seconde, moins $0^m,05$. La quatrième égale la troisième, moins $0^m,04$. Enfin, la cinquième laize égale la quatrième, **sans différence**, attendu que les mous se terminent au point M.

Le recouvrement de chaque laize posée côte à côte, dans la longueur totale, est de $0^m,04$ pour une laize entière; il eût été de $0^m,03$ pour une demi-laize. Ainsi, dans le cas présent, chaque laize à l'envergure couvrira sur l'autre de $0^m,04$; ce recouvrement sera réduit à $0^m,02$ dans la direction du droit fil OF″. Pour la voile à petites laizes il se réduira à $0^m,015$ suivant OF‴.

Dans le tiers milieu de la bordure, les coutures auront le même recouvrement qu'à l'envergure; ce recouvrement augmentera progressivement vers le

3.

point de la voile où se trouvent les plus fortes coupes, et diminuera dans le cas contraire. Les hauteurs de coutures, à la bordure, seront déterminées au moyen d'une courbe KZY, dont la flèche N'Z sera égale à 1 ½ fois la distance de N' à P'. Cette courbe ira aboutir, sur le côté des chutes, à une hauteur égale à P'N', mesurée de C' en D''.

Les laizes de la voile ainsi préparées sont numérotées à compter de l'amure, et mises en main de l'ouvrier, qui, après les avoir assemblées par des coutures, renvoie la voile à la salle de coupe pour la faire **régler,** c'est-à-dire pour faire vérifier son contour et corriger ses courbes, s'il y a lieu. Le coupeur remarque alors la voile rétablie dans ses mesures primitives ABCD. Il observe particulièrement que la *diagonale raccourcie* de A en J est devenue égale à la diagonale AC. En voici la raison :

Nous nous rappelons avoir divisé le droit fil AF par 0^m,55. C'était parce que nous avions l'intention de donner, en cette partie de la voile, un recouvrement de couture ne dépassant pas 0^m,02 (laize de 0^m,57). La somme de ces recouvrements s'élève à 0^m,10. Mais comme, en coupant la voile, chaque laize recouvre sa voisine de 0^m,04 dans toute sa longueur, si préalablement nous n'avions pas raccourci la diagonale, il serait résulté de l'assemblage des laizes à 0^m,02 **un excès de** 0^m,02 **par laize,** quantité dont la diagonale AC aurait augmenté. Tandis que l'ayant raccourcie à l'avance, nous la retrouvons, sur la voile assemblée par ces coutures, dans son état naturel, c'est-à-dire telle qu'elle a été déterminée par les mesures relevées sur le canot (§ 23).

2° *Coupe à la main.*

§ 27. La coupe à la main n'exige point un tableau de coupe aussi complet que ceux que nous avons effectués précédemment. Cette coupe est assez souvent employée dans la pratique, quoiqu'elle soit beaucoup moins avantageuse que la **coupe à l'échelle.**

Le travail de la coupe à la main est long et fatigant. De plus, les résultats en sont inexacts, et les erreurs commises ont l'inconvénient de s'accumuler, puisqu'on mesure chaque laize sur la précédente. Il faut beaucoup de soin et d'habitude pour tendre également les deux lis l'un sur l'autre, et malgré ce soin il arrive que le **bâillement des lis** amène des différences assez grandes. On a vu jusqu'à 0^m,50 d'erreur entre les deux côtés d'un hunier **coupés à la main.** A bien dire, on ne doit couper à la main que quand on ne peut pas faire autrement.

On commence l'opération par le point d'amure, c'est-à-dire par la plus petite laize.

Soit un foc ayant 1 mètre de hauteur de coupe à la draille et la bordure à **droit fil.**

Je prends sur le bord d'une pièce de toile une longueur de 1 mètre, de A en B (*fig.* 19, *Pl. 1*), puis je coupe de C en B, dans la direction BC, en laissant en B un point d'adhérence ; le triangle ABC sera la première laize. Pour former la seconde laize, je renverse le triangle ABC, en le faisant tourner autour du point B, jusqu'à ce que le côté AB soit en contact avec le bord de la pièce de toile. Je marque le point D, où vient aboutir le point A, et je coupe au **droit fil** suivant DE, en laissant un point d'adhérence en E : j'ai ainsi la seconde laize. Pour avoir la troisième, je fais tourner la seconde autour du point E, comme j'ai fait pour la première, et, mesurant sur le bord de la toile EK égal à EG, je trouve le petit côté de cette laize ; alors, de K en O, je mène un droit fil au bout duquel je porte, de O en I, la hauteur de coupe 1 mètre, puis je coupe la laize KI en laissant toujours un point d'adhérence. Je continue ainsi, mesurant toujours chaque laize sur la précédente après l'avoir fait tourner autour du point d'adhérence, jusqu'à ce que le nombre de laizes soit complet.

La figure montre assez que, si j'ai opéré avec exactitude, j'aurai toutes les laizes prêtes à être assemblées, et que leur réunion donnera le foc demandé.

Observation relative à la coupe à la main.

Dans l'explication qui précède, nous avons voulu montrer simplement le mécanisme de la **coupe à la main.** Nous apportons maintenant le complément qui suit :

Quand on porte la hauteur de coupe sur une laize de toile, on doit faire une marque sur le fil de couleur qui sert ordinairement de régulateur dans l'assemblage des coutures, ou bien à une distance du bout égale à la largeur de la couture qu'on emploiera.

Soit ABH (*fig.* 20, *Pl. I*) la coupe oblique d'une laize dont la largeur de couture est FB.

Bien que le triangle ABH rentre tout entier dans la voile, il ne contribue à augmenter sa surface que par le triangle AIE, la partie EBHI étant absorbée dans la couture.

Si l'on portait la hauteur EI de la coupe sur le bord BH de la toile, on aurait pour trait de coupe la ligne ponctuée AF, au lieu du trait plein AH, qui est celui de la coupe. Il faut donc porter la hauteur de coupe IE sur le trait inférieur qui représente la ligne de couture, ou, l'ayant portée sur le bord BF, faire la marque en I, c'est-à-dire à une distance du bord égale à la largeur de la couture, distance qui varie selon le recouvrement.

3° *Coupe à l'échelle.*

§ 28. L'usage des échelles est à la fois très-simple, très-sûr et très-rapide.

Deux lignes gravées sur le plancher de la salle de coupe sont écartées de 0ᵐ,60, afin que, la toile étant étendue à plat entre elles, on puisse voir aisément les chiffres du numérotage, et s'assurer que la laize est disposée, non-seulement à plat, mais en **ligne droite**, ce qui est essentiel pour la justesse du mesurage des coupes.

L'inspection de la *fig.* 21, *Pl. I*, suppléera pour l'achèvement de cette construction.

Muni du tableau de coupe de la voile qu'il veut tailler, le voilier chargé de cette coupe prend la pièce de toile et la porte en tête de l'échelle; un second ouvrier prend le bout et parcourt l'échelle, jusqu'à ce qu'il soit parvenu au numéro correspondant de la coupe de la plus longue laize du tableau de coupe, numéro indiqué par celui qui est en tête de l'échelle; il a soin en même temps de tendre la laize que maintient l'ouvrier placé au bas de l'échelle.

Supposons que la laize à couper ait 7ᵐ,5o sur le lis arrière, oᵐ,5ı de coupe à l'un des bouts, et 1ᵐ,13 à l'autre.

Le coupeur, placé au point D de l'échelle (*fig.* 22, *Pl. I*) qui correspond au nᵒ 7, porte la hauteur de coupe de D en *d* avec son mètre portatif. De *d* en G il marque un droit fil, il appuie son mètre sur la toile de *d* en G et, guidé par cette règle, il fait un trait au crayon sur la toile et coupe dans la direction *d*G. L'ouvrier resté en C fait une marque en A au point o,5o, où doit s'arrêter la longueur du lis. Il trace en-suite le droit fil correspondant AB, puis il donne dans le **sens voulu** la coupe 1,13, qui est celle du second bout de la laize de B en C, et il coupe de A en C. Une fois séparée de la pièce, la laize étendue à plat aura la figure AC*d*G dont le côté A*d* a 7ᵐ,5o, et où les coupes des extrémités sont D*d* égal à o,5ı, et BC égal à 1,13.

Pour la laize suivante **on rafraîchit la coupe,** c'est-à-dire que si cette laize reçoit une coupe diffé-rente de la précédente, on donne la coupe voulue, laquelle diffère toujours un peu, de sorte que la perte de toile est insignifiante.

On voit par ce procédé que chaque laize, mesurée séparément et à plat, reçoit de la manière la plus exacte la longueur et la coupe voulues. Le travail est rapide sans aucune fatigue, et les erreurs y sont presque impossibles.

Aussitôt qu'une laize est coupée, on la numérote avant de l'ôter de dessus l'échelle, et l'on en **frotte les coutures,** c'est-à-dire qu'on y remarque la hauteur et la largeur des coutures forcées, **quand il y a lieu** (quand la voile est aurique ou latine).

Pour cela on mesure en bas de la laize ABCD (*fig.* 23, *Pl. I*) une largeur CF, égale à l'élargissement donné par le tableau de coupe. On porte sur le lis CD une hauteur CE, égale à la hauteur de couture forcée; sur le fil de couleur qui indique la couture ordinaire de $0^m,03$, on fait à cette hauteur une marque G, et enfin, au moyen d'une règle ployante, on trace la courbe FG qui raccorde l'élargissement d'en bas au trait GH de la couture centrale. Ce trait sert plus tard de guide à l'ouvrier dans l'assemblage de la laize ABCD.

On continue à couper les laizes **tant que pièce entamée en fournit;** s'il reste une quantité de toile insuffisante pour une laize, on mesure ce reste et on le met de côté pour le reprendre lorsqu'on arrive, dans la voile, **à une laize ayant cette longueur,** et que le tableau de coupe indique très-aisément.

De cette manière on évite, **sans perte de toile aucune,** les écarts de laizes, qui font toujours un mauvais effet et nuisent au bon établissement des voiles.

Quand les petites laizes de la voile n'ont pas entièrement absorbé les fins de pièces, on emploie ce qui reste pour les renforts et les doublages.

MANIÈRE DE DÉTERMINER LE NOMBRE DE MÈTRES DE TOILE COURANTS D'UNE SURFACE DE VOILE QUELCONQUE.

§ 29. Pour terminer cette partie, ajoutons qu'il n'est pas sans intérêt de savoir à l'avance fixer le nombre de mètres courants de laize qui serait nécessaire à la confection d'une voile ou d'un objet de voilerie dont le plan est tracé. En effet, il y a telle circonstance où, faute de toile, on se voit obligé de renoncer à exécuter un plan déterminé, ou forcé de le réduire en proportion de la toile dont on dispose. Dans ces cas exceptionnels où la toile manque, il faut pouvoir n'agir qu'à coup sûr.

Pour une **voile carrée,** on commence par déterminer exactement la surface de la voile, on divise le nombre de mètres carrés qu'elle renferme par la **largeur réduite** de la laize qu'on doit employer, c'est-à-dire que si la largeur diminue de celle d'une couture, le quotient représentera toujours, **à très-peu de chose près,** le nombre de mètres courants dont on aura besoin pour la coupe de la voile (*).

Quand la voile porte un tablier, on en détermine aussi la surface. On la divise de même par la largeur réduite de la toile, et l'on obtient le nombre de mètres courants nécessaires pour le tablier.

Enfin on mesure sur le plan de la voile ses doublages et ses renforts. Leurs longueurs ajoutées ensemble et aux deux quotients précédents complètent la somme qu'on veut obtenir.

Quand il s'agit d'une **voile courbe,** c'est-à-dire d'une voile **aurique** ou **latine,** on relève séparément sur le plan de la voile ou sur le tableau de coupe toutes les longueurs des grands côtés; on les écrit en colonne verticale et l'on en fait la somme. On fait une somme analogue avec les longueurs des petits

---

(*) Il va sans dire que pour obtenir d'un nombre de **mètres courants** connus un nombre de **mètres carrés,** il ne s'agit que de **multiplier** les mètres courants par la largeur réduite de la laize. Ce produit donnera le nombre de mètres carrés.

côtés. La moyenne de ces deux sommes représente, à très-peu de chose près, la toile nécessaire pour faire la voile. Ici les doublages et les renforts sont si peu de chose, qu'il serait inutile d'en tenir compte à l'avance.

OBSERVATION IMPORTANTE AU SUJET DE LA DURÉE DES VOILES.

Il est important de changer de temps en temps les voiles en vergue, attendu que celles qui restent dans la soute s'y usent, par échauffement, plus que ne font les autres en servant. Il résulte de là qu'en cas d'avarie de la voile en vergue, on est exposé à ne trouver en bas qu'une voile de rechange hors de service, chose qui n'a jamais lieu si on alterne de temps en temps les voiles en vergue et les voiles en soute. Pour les bâtiments mixtes ou à vapeur, dont la cale est souvent très-chaude, cette observation est plus importante encore que pour les bâtiments à voiles proprement dits.

Depuis que nous dirigeons les travaux de voilerie de la Marine impériale des ports de Lorient et de Brest, nous avons remarqué ces effets pernicieux du long séjour des voiles dans la soute; la toile se trouvait dans un tel état d'échauffement, qu'elle *cassait* en la cousant. Il n'y avait pas à compter davantage sur la solidité des ralingues de ces voiles.

DEUXIÈME PARTIE.

COUPE DES VOILES A COTÉS COURBES

(MÉTHODE GRAPHIQUE).

1° Des focs et des voiles latines. — 2° Des voiles carrées et des bonnettes. — 3° Des voiles auriques.

Nous avons donné la méthode pour couper les voiles **à côtés droits** par tracé et par calcul. Nous allons maintenant exposer le moyen de les tailler quand elles sont **à côtés courbes,** sans avoir besoin d'employer d'autres calculs que ceux qui nous sont déjà connus. On pourra même, par le tracé seul, obtenir la coupe d'une manière suffisamment exacte.

DU FOC COURBE.

Différences principales qui existent entre deux focs de même plan, dont l'un est coupé plan *et l'autre* courbe.

§ 30. Quelle que soit la coupe, les deux focs ont les mêmes dimensions principales, c'est-à-dire que les distances du point d'amure au point d'écoute, du point d'écoute au point de drisse et du point d'amure au point de drisse doivent être égales dans les deux cas; mais c'est là leur seule ressemblance.

Les autres caractères principaux des deux voiles : nombre des laizes, largeur des coutures, coupes des côtés, diffèrent notablement.

De même que la ligne droite est le plus court chemin d'un point à un autre, la surface plane est la plus petite qui puisse aboutir à un contour donné. Or, le foc plan et le foc courbe ayant même contour, il s'ensuit que le foc courbe a une surface plus grande que le foc plan ; non-seulement plus grande, mais, à vrai dire, plus grande en **tous sens,** c'est-à-dire dans le droit fil aussi bien qu'en chute. Le foc courbe aura donc **plus de laizes** que le foc plan et, **en géné ral,** des laizes plus longues.

Règles à suivre dans la coupe du foc courbe.

§ 31. Dans la coupe du foc *courbe*, les conditions à remplir sont les suivantes :

Envergure. — L'envergure est courbe ; le pied de sa flèche géométrique de courbure se trouvera entre le **tiers** et le **quart** de la droite d'envergure à partir **du point d'amure.** La longueur de cette flèche est comprise ordinairement entre $\frac{1}{10}$ et $\frac{1}{20}$ de la longueur de la droite d'envergure.

Bordure. — Si la bordure est **ronde,** sa flèche sur couture est placée entre la **moitié** et le **tiers** de la droite de bordure à partir du **point d'écoute,** et sa longueur est comprise entre $\frac{1}{7}$ et $\frac{1}{4}$ de la droite de bordure, c'est-à-dire qu'elle est de 0^m,014 à 0^m,015 par mètre de bordure.

Chute. — La chute est droite.

Élargissement des coutures. — L'élargissement des coutures à la droite de bordure est d'environ 0^m,06 par laize du **tiers central** de la voile. Il diminue progressivement vers le point d'amure, et augmente progressivement aussi vers le point d'écoute, de manière que sur la laize du point d'amure l'élargissement soit au moins de 0^m,035, et que sur la laize de chute il soit de 0^m,10 ou 0^m,12 au plus.

Hauteur des coutures. — La hauteur de la couture forcée varie de 2 à 3 mètres pour les laizes du tiers-milieu, et diminue progressivement des deux côtés jusqu'aux laizes extrêmes, où la hauteur est de 0^m,60 à 0^m,90.

Si la bordure du foc est **droite**, les règles à suivre seront les mêmes que pour le foc à bordure ronde, sauf dans les particularités suivantes :

Bordure. — Elle est droite, coupée à *droit fil* ou avec une coupe de bordure, suivant le cas.

Élargissement des coutures. — Sur la droite de bordure, l'élargissement ne doit pas dépasser 0^m,05 par laize, et il est le même pour toutes.

Hauteur des coutures. — La hauteur de la couture forcée est de 2 mètres à 2^m,50 pour toutes les laizes.

Du mou à donner dans les laizes de chute des voiles auriques et latines.

§ 32. Le mou est la différence à boire entre deux laizes qu'on doit assembler par une couture.

Ce mou n'est pas un excédant de longueur donné à la chute, il est pris aux dépens mêmes de cette chute. Nous l'avons démontré déjà (§ 26) dans **la coupe au piquet** d'une voile d'embarcation.

Enfin le mou est une différence de longueur entre le lis du vent d'une laize et le grand côté de la précédente, différence assez grande pour allonger convenablement la laize qui reçoit le mou, et assez petite pour qu'on puisse néanmoins la réunir à la précédente sans que les extrémités de l'une dépassent les extrémités de l'autre, parce que le mou se boit dans la couture.

Quelques voiliers supposent que les mous donnent du sac à la voile. Les mous, au contraire, aplanissent la surface d'une voile dans laquelle les élargissements forcés des coutures auraient fait naître du fond.

Le mou arque les coutures des voiles, les courbe de plus en plus en arrière, et, par suite, donne à la chute une courbure gracieuse et propre à laisser fuir le vent lorsqu'il a produit son effet utile; tandis que sans mou, la tension des coutures retient le vent et l'empêche de s'échapper ailleurs que par le bas de la voile, dans la caisse du navire. Tel est l'effet qui se produit en dessous de la ralingue de fond des basses voiles carrées.

Il y aurait même danger, à bord d'un cutter ou d'une goëlette surprise par un grain; si la pression du vent qui fait coucher le navire ne trouvait une issue immédiate par la chute des voiles, on verrait le navire se relever péniblement, attendu que l'effort du vent se concentre presque tout entier dans la voile **sans mous.** (*Voir* le *Manuel du Voilier* qui contient à ce sujet des notes intéressantes.)

Construction de la table de coupe.

§ 33. Munissez-vous d'un carrelet (règle) de 0^m,005 ou plus sur chaque face. Avec cet instrument, tracez au crayon ou à la plume un nombre de lignes droites parallèles entre elles, autant que la feuille de papier pourra en contenir.

A gauche de ces lignes, construisez une échelle de proportion (§ 9) en comptant pour 0^m,50 de votre échelle les intervalles que vous avez tracés. Par ce procédé, l'échelle sera bientôt construite, puisqu'il ne s'agit, pour représenter le **mètre,** que de numéroter ces intervalles **de deux en deux lignes.** Quant aux détails de la subdivision du mètre en centimètres, la figure donnée pour exemple et l'explication du § 9 les feront suffisamment comprendre.

Prenez ensuite sur cette échelle une ouverture de compas égale à 0^m,54 (largeur de laize réduite), par exemple, et portez-la **sur la première et sur la dernière de ces lignes,** autant de fois qu'elle pourra y être contenue, puis joignez les points de division **deux à deux,** votre table sera construite (*).

Tracé du foc courbe à bordure droite.

Méthode. — Reportez-vous à la *Pl. II*, et suivez les indications que nous allons donner, à mesure que vous tracez la voile en question.

(*) Nous avons placé une table **muette** en troisième planche, pour servir dans un cas donné, à la mer par exemple, à tracer une voile quelconque.

Les dimensions de la voile, augmentées des gaîn_
et de la valeur nécessaire aux recouvrements forc_
des coutures, sont les suivantes :

$$
\begin{aligned}
\text{Envergure} &\dots\quad 8^m,00 + 0^m,3o = 8^m,3o \\
\text{Bordure} &\dots\quad 4^m,5o + 0^m,42 = 4^m,92 \\
\text{Chute} &\dots\quad 5^m,5o + 0^m,2o = 4^m,7o \\
\text{Gaînes} &\dots\quad 0^m,2o
\end{aligned}
$$

§ 34. Donnez au compas une ouverture égale
$5^m,5o + 0^m,2o$ de gaînes, soit $5^m,7o$ (chute) relev_
sur votre échelle. Portez cette ouverture sur une d_
lignes de la division de $0^m,54$ de votre table, de
en B (*fig.* 1, *Pl. II*). Puis des points A et B (poin_
de drisse et d'écoute) pris successivement pour centr_
avec des ouvertures de compas de 8 mètres $+ 0^m,3_$
soit $8^m,3o$ (envergure), et de $4^m,5o + 0^m,2o + 0^m,2_$
soit $4^m,92$ (bordure), décrivez deux arcs de cercle q_
se couperont en C, point d'amure ; joignez les poin_
AC et BC par des lignes droites, la voile se trouve_
représentée dans le plan des dimensions voulues.

Comme il s'agissait ici d'un foc courbe devant avoi_
comme nous l'avons vu dans les règles qui précède_
(§ 31), un plus grand nombre de laizes qu'un foc pla_
nous avons augmenté la bordure de $0^m,o5$ par mètr_
soit $0^m,22$ en sus de la valeur des gaînes $0^m,2o$.

Construisez à côté de celle-ci la *fig.* 2, *Pl. II*, A′C′B
dans les mêmes dimensions que vous venez de pr_
duire, et donnez-lui le caractère du foc courbe, d'apr_
les règles indiquées au § 31.

Portez le pied de la flèche d'envergure entre le **tier_**
et le **quart** de la droite A′ C′. Développez cette flèch_

en G, perpendiculairement à la draille du foc et de longueur égale à $\frac{1}{15}$ de A′ C′; faites passer par les points A′ G C′ une ligne courbe qui représentera la courbe ou le contour de la draille du foc; ensuite calculez les mous.

Les mous ne doivent pas dépasser 0ᵐ,02 par mètre; ils seront distribués **dans les deux tiers inférieurs des coutures** comprises dans le **tiers des laizes de la voile.** Or, les **deux tiers** de la chute (4ᵐ,5o plus 0ᵐ,20) égalent environ 3 mètres. Le mou à donner dans la première couture sera donc de 0ᵐ,06, celui de la seconde couture de 0ᵐ,05, et celui de la troisième couture de 0ᵐ,04; en somme, 0ᵐ,15.

Ouvrez le compas à 0ᵐ,15 (somme des mous), et portez cette valeur en contre-bas, de A′ en E; puis du point E au point J, terminaison des mous, tracez une courbe EJ.

Ensuite, du point A′ tracez une ligne en *a* qui soit parallèle à la courbe EJ; cette ligne représentera la direction de la coupe oblique. Donnez au compas une ouverture égale à 0ᵐ,06 relevée à la même échelle, et portez cette valeur de *a* en *b*, puis tracez la ligne *b, c* toujours parallèle à la courbe EJ; ce trait sera la direction de la coupe oblique de la seconde laize. Enfin, ouvrez le compas à 0ᵐ,05, portez cette valeur sur le petit côté de la seconde laize de *c* en *d*, et ainsi de suite, vous arriverez au point J où la différence à boire entre la troisième et la quatrième laize est de 0ᵐ,04. Cela fait, passez au tracé des hauteurs des coupes de draille et de bordure.

Menez des droites parallèles aux lignes horizontales de la **Table de coupe,** à partir des points d'inter-

4

section des lignes verticales avec les courbes de draille et de bordure. Ces lignes ne sont autres que des **droits fils** mesurant o^m,54, et qui deviennent la base d'un triangle rectangle, dont la hauteur, estimée à l'échelle de la Table, donne la coupe cherchée.

Ainsi, les hauteurs KL, MN, etc., jusqu'en J, qui interceptent la courbe d'envergure, sont mesurées à l'échelle du plan, ainsi que la hauteur des triangles de coupe qui dépassent la courbe et dont la base est indiquée par un **trait fort.**

Une seule hauteur de coupe mesurée à la bordure suffit pour toutes. Cette coupe est ici de o^m,12.

Coupes de la draille du foc estimées d'après l'échelle du plan.

Fraction à l'amure $\frac{1}{10}$ KL......		1^m,70
Laize entière, n° 1.....		o^m,89
»	n° 2...............	o^m,70
»	n° 3.............	o^m,63
»	n° 4.............	o^m,59
»	n° 5.............	o^m,56
»	n° 6.............	o^m,53
»	n° 7.............	o^m,51
»	n° 8.............	o^m,46
	Total...........	6^m,57
A déduire la somme des coupes de bordure.................		1^m,02
Reste la chute, *plus* les gaînes, *moins* les mous.............		5^m,55

En effet, si nous ajoutons $0^m,15$ de mous à $5^m,55$, nous obtiendrons $5^m,70$ de chute de A' en B'.

Dans le foc à bordure droite (§ 31), le recouvrement forcé est de $0^m,05$ pour toutes les coutures, et leurs hauteurs varient de 2 à 3 mètres.

On pourrait couper cette voile, sans recourir au tableau de coupe ; il suffirait, pour cela, de relever à l'échelle du plan tous les grands côtés des laizes ; puis, avec un mètre portatif, de mesurer sur une pièce de toile chacun de ces côtés à sa longueur naturelle, en lui donnant à chaque extrémité les hauteurs de coupe de draille et de bordure.

Si la voile était coupée **à la main** (§ 27), on observerait que le petit côté de la première laize de chute diffère du grand côté de la seconde, avec laquelle il assemble, de la valeur du premier mou, qui est, nous le savons, de $0^m,06$; que le petit côté de la seconde laize diffère du grand côté de la troisième de $0^m,05$, etc. On aura donc égard à cette différence, dans le mesurage **lis à lis** de la coupe à la main. Mais, si la voile était coupée à l'échelle (§ 28), on formerait le tableau de coupe suivant, dans lequel on grouperait les éléments nécessaires à la coupe de cette voile.

Tableau de coupe d'un foc courbe à bordure droite, par le tracé graphique.

Numéros des laizes...	$\frac{7}{10}$	1	2	3	4	5	6	7	8
Coupes { à la draille	1,70	0,89	0,70	0,63	0,59	0,56	0,53	0,51	0,46
{ à la bordure	0,06	0,12	0,12	0,12	0,12	0,12	0,12	0,12	0,12
Différence	1,64	0,77	0,58	0,51	0,47	0,44	0,41	0,39	0,34
Lis du vent	0,00	1,64	2,41	2,99	3,50	3,97	4,41	4,82	5,21
Grands côtés sans mous	1,64	2,41	2,99	3,50	3,97	4,41	4,82	5,21	5,55
Mous	"	"	"	"	"	"	0,04	0,09	0,15
Grands côtés avec mous	1,64	2,41	2,99	3,50	3,97	4,41	4,86	5,30	5,70
Coutures { Largeurs	0,05	0,05	0,05	0,05	0,05	0,05	0,05	0,05	"
{ Hauteurs	1,00	1,50	2,00	2,00	2,00	2,00	2,00	2,00	"

DIMENSIONS..... Envergure, 8m,00. Bordure, 4m,50. Chute, 5m,50. Gaînes, 0m,20.

Tracé d'un foc courbe à bordure ronde.

§ 35. Ce foc aura pour dimensions celles du précédent, sauf une augmentation de $0^m,01$ de plus par mètre : c'est-à-dire que dans le foc courbe à **bordure ronde**, pour subvenir aux recouvrements forcés des coutures, on augmentera la bordure de $0^m,06$ par mètre au lieu de $0^m,05$ dans le foc à **bordure droite**.

Dimensions.			
Envergure...	$8^m,00 + 0^m,30$		$= 8^m,30$
Bordure.....	$4^m,70 + 0^m,20 + 0^m,27$		$= 4^m,97$
Chute.......	$7^m,70 + 0^m,20$		$= 7^m,70$
Gaînes	$0^m,20$		

Nous traçons d'abord le triangle ABC, § 34 (*fig.* 3, *Pl. II*), dont les côtés AB, AC, BC soient conformes aux longueurs $5^m,70$, $8^m,30$ et $4^m,97$; nous donnons ensuite à ce triangle le caractère du foc courbe indiqué au § 31.

Portons sur l'envergure le pied de la flèche F, entre le $\frac{1}{3}$ et le $\frac{1}{4}$ de AC, à compter de C; donnons à cette flèche FG la valeur de $\frac{1}{10}$ de AC, puis traçons la courbe CGA. Cette courbe sera celle de la draille.

Au $\frac{1}{3}$ de la droite BC, sur la troisième couture OP, portez la flèche de bordure à raison de $0^m,14$ par mètre, d'amure en écoute; tracez une courbe de C en B, passant par P, vous obtiendrez la courbe voulue.

Du point A en E, portez la somme des mous (§ 34), et du point J tracez la courbe EJ.

De même qu'à la figure précédente, tracez A *a* parallèle à EJ. De *a* en *b*, portez les mous $0^m,06$; tracez ensuite *bc* selon EJ, et continuez ainsi à échelonner vos laizes jusqu'au point où se terminent les mous.

Du point d'intersection des laizes inscrites par les courbes AGC et CPB, menez des parallèles d'une laize à l'autre; vous formerez des triangles dont les hauteurs mesurées à l'échelle du plan donneront les valeurs suivantes :

Coupes d'envergure.

Fraction $\frac{3}{10}$............	$0^m,81$
Laize n° 1 MN..........	$1^m,31$
» n° 2.............	$0^m,73$
» n° 3.............	$0^m,63$
» n° 4.............	$0^m,55$
» n° 5.............	$0^m,50$
» n° 6.............	$0^m,48$
» n° 7.............	$0^m,46$
» n° 8.............	$0^m,44$
» n° 9.............	$0^m,42$
Total.....	$6^m,39$

Vérifions maintenant si la totalité de ces coupes donne la chute du foc, *plus* les coupes de bordure, *moins* les mous.

Chute..............	$5^m,70$
Coupes de bordure....	$1^m,02$
	$6^m,72$
A déduire (mous).....	$0^m,15$
Reste.....	$6^m,57$

Ce reste $6^m,57$ est l'addition vraie des coupes à la

draille. D'après le mesurage à l'échelle 6^m,39, il existerait une erreur de 0^m,18. On corrige cette erreur en composant la répartition suivante :

$\frac{3}{10}$	0^{m},87
N° 1	0^m,33
N° 2	0^m,75
N° 3	0^m,65
N° 4	0^m,57
N° 5	0^m,52
N° 6	0^m,50
N° 7	0^m,48
N° 8	0^m,46
N° 9	0^m,44

Passons aux coupes de bordure.

Nous remarquons d'abord que ces coupes tombent en partant de l'amure jusqu'à la laize carrée I, et qu'elles remontent de là vers le point d'écoute.

Cette contre-coupe a lieu parce que la somme totale des coupes de bordure BD est insuffisante pour donner à la flèche le développement OP; mais, quand cette somme suffit, le droit DC ne se trouve plus en dedans de la courbe de bordure, et par conséquent on évite ainsi **des coupes renversées** au point d'amure. Nous donnerons plus loin un exemple de cette nature.

Mesurez les hauteurs *kd*, *gt*, *oi* et *yz* à l'échelle, vous obtiendrez les valeurs suivantes :

Fraction $\frac{2}{10}$ à l'amure.............. $0^m,03$

Laize n° 1.... .... $0^m,12$

» n° 2........................ $0^m,07$

» n° 3........................ $0^m,03$

» n° 4 laize carrée............ $0^m,00$

» n° 5 remontant vers l'écoute. $0^m,03$

» n° 6........................ $0^m,08$

» n° 7... .... $0^m,17$

» n° 8........................ $0^m,34$

» n° 9........................ $0^m,65$

Somme des coupes remontant à l'écoute.	$1^m,27$
A déduire les coupes renversées........	$0^m,25$
Reste BD.....	$1^m,02$

C'est à-dire que la somme remontant à l'écoute, à partir de la laize n° 4, renferme une valeur égale à BD, *plus* la valeur des coupes renversées du point I en C.

Avec ces éléments de calcul nous allons former le tableau de coupe suivant, non pas parce qu'il est indispensable pour couper la voile, mais dans le but de vérifier si la longueur des grands côtés de laizes mesurés à l'échelle du plan concordent avec ceux qui résultent du tableau de coupe.

Tableau de coupe d'un foc à bordure ronde.

Numéros des laizes........	$\frac{3}{10}$	1	2	3	4	5	6	7	8	9
Coupes { à la draille...............	0,87	1,33	0,75	0,65	0,57	0,52	0,50	0,48	0,46	0,44
{ à la bordure..............	0,03	0,12	0,07	0,03	0,00	0,03	0,08	0,17	0,34	0,65
Somme ou différence........	0,90	1,45	0,82	0,68	0,57	0,49	0,42	0,31	0,12	— (*) 0,21
Lis du vent........	0,00	0,90	2,35	3,17	3,85	4,42	4,91	5,33	5,64	5,76
Grands côtés sans mous	0,90	2,35	3,17	3,85	4,42	4,91	5,33	5,64	5,76	5,55
Mous.............................	//	//	//	//	//	//	//	0,04	0,09	0,15
Grands côtés avec mous..............	0,90	2,35	3,17	3,85	4,42	4,91	5,33	5,68	5,85	5,70
Coutures { Largeurs	0,035	0,04	0,05	0,06	0,06	0,06	0,07	0,08	0,09	//
{ Hauteurs.....	1,01	1,33	1,67	2,00	2,00	2,00	1,65	1,34	1,01	//

Dimensions..... Envergure, $8^m,00$. Bordure, $4^m,50$. Chute, $5^m,50$. Gaines, $0^m,20$.

(*) Ce signe *moins* indique que le nombre 0,21 doit être retranché du chiffre supérieur, parce que cette *différence* naît de la coupe de bordure $0^m,65$, qui est plus forte que la coupe de la draille $0^m,44$.

4.

Tracé d'un foc courbe à flèches forcées.

§ 36. Dans les focs dont les drailles sont très-inclinées à l'horizon, dans certains focs de goëlettes, de
cutters et d'avisos, on prend quelquefois pour **flèche
de couture** et pour **lis du vent** tout ensemble la
somme des coupes de bordure. Il en résulte un rond
énorme et qui pourtant donne d'excellents résultats.

Le foc dont il s'agit est dans les dimensions suivantes :

Envergure....	$14^m,00 + 0^m,30$	$= 14^m,30$
Bordure......	$7^m,00 + 0^m,20 + 0^m,42 =$	$7^m,62$
Chute........	$8^m,92 + 0^m,20$	$= 9^m,12$
Gaînes	$0^m,20$	

Tracez le triangle ABC (*fig.* 4, *Pl. II*) : la somme
des coupes de bordure sera représentée par CD, puis
AD donnera le droit fil (*fig.* 7).

Par le point C, menez CG parallèle à AD, de manière à rencontrer AG, ligne égale et parallèle à CD.
Enfin, tracez du point A au point B une courbe passant
par le point G ; cette courbe sera l'envergure du foc.

La courbe de bordure se trace en portant sa flèche EF
à $\frac{1}{8}$ environ de la droite AC, et son pied à un peu plus
du $\frac{1}{3}$ de la droite AC, à compter de l'écoute. Vous con-
cevez dès lors d'où vient la forme exagérée de cette
voile. Passez ensuite à la somme des mous.

Les $\frac{2}{3}$ de $9^m,12$ (chute) sont de 6 mètres environ ; ils
permettent de donner un mou à boire de $0^m,12$ à la
première couture ; soit $0^m,09$ à la seconde, $0^m,06$ à la
troisième et $0^m,03$ à la quatrième ; total, $0^m,30$.

Portez cette somme $0^m,30$ de B en H, et tracez la

courbe JH; complétez le reste du tracé comme à l'exemple précédent.

Ensuite, faites ressortir les triangles de coupe de draille et de bordure, et mesurez leurs hauteurs à l'échelle.

Les hauteurs de coupe de la draille vous donneront des nombres analogues aux suivants :

$\frac{1}{2}$ laize d'amure........	$0^m,50$
Laize n° 1.............	$0^m,93$
» n° 2............	$0^m,83$
» n° 3............	$0^m,73$
» n° 4............	$0^m,68$
» n° 5............	$0^m,63$
» n° 6............	$0^m,62$
» n° 7............	$0^m,61$
» n° 8............	$0^m,61$
» n° 9............	$0^m,61$
» n° 10............	$0^m,60$
» n° 11............	$0^m,60$
» n° 12............	$0^m,60$
Total.....	$8^m,55$

Vérifiez si cette somme $8^m,55$ est égale à la chute, *plus* les gaînes, *moins* les mous.

$$\text{Chute, } 8^m,90 + 0^m,20 = 9^m,12$$
A déduire somme des mous..... $\quad 0^m,30$

Reste..... $8^m,82$

La différence entre ce reste et $8^m,55$ est donc de $0^m,27$, erreur que nous corrigeons en composant la répartition suivante à laquelle nous ajouterons le lis du vent AG :

Lis du vent ou AG .... $3^m,50$

$\frac{1}{2}$ laize d'amure......... $0^m,53$

Laize n° 1............ $0^m,95$

» n° 2............ $0^m,85$

» n° 3............ $0^m,75$

» n° 4............ $0^m,70$

» n° 5............ $0^m,65$

» n° 6............ $0^m,64$

» n° 7............ $0^m,63$

» n° 8............ $0^m,63$

» n° 9............ $0^m,63$

» n° 10............ $0^m,62$

» n° 11............ $0^m,62$

» n° 12............ $0^m,62$

Total..... $12^m,32$

Si nous ajoutons la somme des mous ($0^m,30$) à ce dernier résultat, nous réaliserons la chute $9^m,12$ plus $3^m,50$ gaînes comprises.

Les coupes de bordure relevées à l'échelle sont les suivantes :

$\frac{1}{2}$ laize à l'amure .... $0^m,04$

Laize n° 1................. $0^m,07$

» n° 2................. $0^m,08$

» n° 3................. $0^m,09$

» n° 4................. $0^m,11$

» n° 5................. $0^m,14$

» n° 6................. $0^m,17$

» n° 7................. $0^m,20$

» n° 8................. $0^m,24$

» n° 9................. $0^m,29$

» n° 10................. $0^m,39$

» n° 11................. $0^m,51$

» n° 12................. $1^m,17$

Total......... $3^m,50 = DC$

Tableau d'un foc courbe à flèches forcées.

Numéros des laizes.....	½	1	2	3	4	5	6	7	8	9	10	11	12
	m	m	m	m	m	m	m	m	m	m	m	m	m
Coupes { à la draille........	0,53	0,95	0,85	0,75	0,70	0,65	0,64	0,63	0,63	0,63	0,62	0,62	0,62
{ à la bordure.	0,04	0,07	0,08	0,09	0,11	0,14	0,17	0,20	0,24	0,29	0,39	0,51	1,17
Somme ou différence........	0,49	0,88	0,77	0,66	0,59	0,51	0,47	0,43	0,39	0,34	0,23	0,11	−(*)0,55
Lis du vent..............	3,50	3,99	4,87	5,64	6,30	6,89	7,40	7,87	8,30	8,69	9,03	9,26	9,37
Grands côtés sans mous......	3,99	4,87	5,64	6,30	6,39	7,40	7,87	8,30	8,69	9,03	9,26	9,37	8,82
Mous	"	"	"	"	"	"	"	"	"	0,03	0,09	0,18	0,30
Grands côtés avec mous......	3,99	4,87	5,64	6,30	6,89	7,40	7,87	8,30	8,69	9,06	9,35	9,55	9,12
Coutures { Largeurs........	0,03	0,035	0,04	0,045	0,05	0,06	0,06	0,06	0,06	0,07	0,08	0,09	"
{ Hauteurs........	"	0,50	1,00	1,50	2,00	2,50	2,50	2,50	2,50	2,00	1,50	1,00	"

DIMENSIONS..... Envergure, 14m,00. Bordure, 7m,00. Chute, 9m,12. Gaines, 0m,20.

(*) Voir la note contenue dans le Tableau de la page 81.

Du lis du vent.

En fixant pour limite au lis du vent la valeur AG, nous avons eu pour but de montrer que, le lis du vent étant inférieur à cette limite, la voile établie dans ces conditions sera convenable.

Plus le nombre de laizes est grand, moins le lis du vent doit être grand; plus la draille est inclinée à l'horizon, moins le voilier doit craindre d'exagérer le lis du vent; plus le point d'écoute relève, plus le lis du vent peut être grand. Ce n'est que par une combinaison intelligente de ces trois éléments qu'on appréciera le développement à lui donner.

D'ailleurs, le lis du vent inférieur à AG est un moyen de correction immédiate des résultats d'une première répartition. Par exemple, dans la répartition précédente des coupes de l'envergure, la somme $8^m,55$ ne pouvant satisfaire aux dimensions de la voile, on devrait porter la différence $0^m,27$ à un lis du vent inférieur à AG, et l'on éviterait ainsi une seconde répartition.

Voile d'étai.

§ 37. La voile d'étai devient de plus en plus nécessaire, à cause de la grande distance qui se trouve entre les mâts des navires à vapeur. Cet espace réclame des voiles situées de manière à favoriser la marche des bâtiments et en même temps à ménager leur combustible.

D'après les expériences, la forme du **foc courbe** est celle qui paraît convenir à ce genre de voile, parce qu'elle soulage les drailles au lieu de les porter **sous**

le vent, comme le font ordinairement les voiles
d'étais **planes.**

Du reste, dans les voyages au long cours, les armateurs ont tout intérêt à voiler leurs navires **pour
tous les temps.** L'expérience a démontré que
cette mesure est d'une nécessité absolue, et nous en
conclurons qu'**en navigation les voiles sont
inséparables des machines** (*).

Supposons, par exemple, dans un temps de cape,
un vapeur prêtant ses flancs à la lame : s'il n'a des
voiles pour s'appuyer, il roulera à tout casser; si la
puissance de sa machine lui permet de prendre la
lame debout, il sera mangé par la mer et fatiguera à
outrance; tandis qu'avec des voiles appropriées à son
navire, un capitaine, en toute circonstance, trouvera
le moyen d'utiliser la force motrice du vent qui ne fait
défaut sous aucune latitude. Ainsi, tout en accélérant
la marche de son navire par le beau temps, les voiles
lui serviront encore à le protéger contre la grosse
mer.

(*) Le Vice-Amiral Préfet maritime de Toulon terminait ainsi
un discours adressé aux officiers de l'état-major de l'escadre
de la Méditerranée, le 1er janvier 1863 :

« Quiconque prétend à la noble qualification d'homme de
» mer devra d'abord et partout, étant donné un bateau quel-
» conque, une voile, un mât et une corde, en tirer le meilleur
» parti possible avec ou sans la vapeur. Ainsi donc, sans ac-
» corder aujourd'hui une importance trop exclusive à ces voiles
» qui ont bercé notre jeunesse aussi bien dans la Méditerranée
» que dans l'Océan, ne cessons pourtant pas de voir dans leur
» étude un auxiliaire obligé de l'art du navigateur. » (Journal
l'Armoricain de Brest, n° 4559.)

La voile d'étai s'établit ordinairement sur des drailles très-inclinées à l'horizon, ce qui permet de lui donner sans inconvénient un développement de flèche d'envergure considérable, d'autant mieux qu'on est certain que cette surabondance de surface produira un effet utile.

Tracé de la voile.

Portez la chute du point C au point B (*fig. 5, Pl. II*). De ces deux points pris successivement pour centre, avec des rayons égaux à AC (draille) et à AB (bordure), décrivez deux arcs de cercle en A qui détermineront le point d'amure. Placez la flèche ED entre $\frac{1}{10}$ et $\frac{1}{15}$ de AC. Si vous donnez du **mât**, tracez le **lis du vent** AF à la longueur voulue, et du point F en C tracez la courbe d'envergure passant par le point D. Ensuite établissez la flèche de bordure IJ entre A et B, en lui donnant pour valeur $\frac{1}{10}$ de AB. Les courbes ainsi tracées représentent la voile dans les conditions d'un foc courbe.

De la voile à antenne.

§ 38. Cette voilure gracieuse, commode, est usitée à bord des barques de la Méditerranée, voire même de tous les bateaux de passage de Marseille et de Toulon. Cette voilure est appropriée aux vents légers qui règnent dans cette mer. La forme des voiles à antenne a traversé les âges sans s'altérer.

La voilure à antenne a l'avantage, sur presque tous les autres genres de voiles, de ne pas diminuer de bordure en prenant des ris. On sait que les ris se prennent sur la vergue, et comme celle-ci dépasse alors la voile, ce qui serait nuisible à la marche ainsi qu'à la stabilité des petits bateaux, on raccourcit l'antenne (vergue) à mesure que les ris l'exigent. La vergue est composée de deux pièces assez minces par les deux bouts, ajustées par un écart en sifflet, et liées par trois rostures dont celle du milieu correspond au point de suspension de la vergue, à l'endroit où son diamètre est le plus fort; de sorte que dans la prise des ris il est toujours facile, en croisant davantage les deux parties de la vergue, de la ramener égale à la bande de ris ; il ne reste plus alors de bois mort qui fasse obstacle à la marche de l'embarcation.

L'amure de la voile est mobile suivant l'orientement : au plus près, l'amure est presque abraquée à bloc; les vents adonnent-ils, on mollit l'amure; **mollir le devant** est l'expression en pareil cas.

La drisse est frappée au $\frac{1}{3}$ de l'antenne ou plus haut, à partir du bout inférieur; quant à l'écoute, elle est tournée à demeure **au plus près**.

La voilure à antenne offre l'exemple d'une voilure bien entendue, elle est même pour nous un type de voilure; sa coupe, particulière aux voiliers du Midi, s'effectue par une méthode pratique peu connue du Nord, où ce genre de voilure ne peut être employé à cause des variations fréquentes du vent et de la mer forte de l'Océan.

Voici comment, au moyen de nos Tables de coupe, on pourrait parvenir à des résultats, sinon parfaits, du moins très-rapprochés de la méthode pratique employée pour la coupe de cette voile par les voiliers du Midi.

Coupe de la voile à antenne.

Si la vergue suivait une ligne droite, toutes les coupes de l'envergure devraient être égales comme dans le foc plan ; mais cette vergue, assez mince, se courbe sous l'effort du vent ; l'envergure de la voile doit donc être coupée en rond, c'est-à-dire que si M (*fig* 6, *Pl. II*) est le point de suspension de la vergue, l'envergure à partir du point M devra se courber, les coupes à partir de ce point devront s'abaisser. Nous pourrions même, par calcul, faire varier ces coupes progressivement, suivant les nombres $0^m,02$, $0^m,04$, $0^m,06$, $0^m,08$, $0^m 10$, $0^m,12$. De sorte que si nous admettions à partir du point M 6 coupes ayant les valeurs que nous venons de donner, la somme totale de ces nombres s'élèverait à $0^m,42$. Si nous admettions 5 coupes suivant la progression 4, 6, 8, 10, 12, total $0^m,40$, ou 4 coupes suivant 5, 8, 11, 14, total $0^m,38$, l'un de ces totaux : $0^m,42$, $0^m,40$, $0^m,38$ représenterait la distance AF, c'est-à-dire la valeur dont la vergue est susceptible de fléchir au point A, en se rapprochant du point B. On porte donc sur le plan le nombre choisi, de A en F ; mais comme la chute AB est invariable, on descend cette même valeur de B en D. De sorte que DF est toujours égal à AB. C'est là une des particularités admises dans la construction de la voile à antenne, d'où il résulte que **d'un triangle rectangle on fait un triangle acutangle.**

Dans notre exemple, le nombre de laizes courbées de M en F étant de 6, la valeur BD ou AF sera donc de $0^m,42$ selon la progression des nombres 2. 4. 6. etc.

En conséquence, du point M on trace une courbe en F, d'où il résulte que la courbe devient CMF. Les coupes de C en M sont régulières et ont pour hauteur commune IJ, évaluée à $0^m,50$.

La courbe de bordure se trace de D en G, le complément de sa longueur GC est formé de laizes coupées à droit fil, et il résulte de cette disposition que le triangle MGC est un triangle rectangle duquel la coupe varie en partant des points M et G.

La somme des coupes de la vergue est égale à AB — AF. La somme des coupes de bordure est égale à BD. De sorte que si IJ $= 0^m,50$, nous pouvons, par le calcul suivant, déterminer la courbe de la vergue.

Courbe d'envergure.

1re laize d'amure...			$0^m,50 - 0^m,00 = 0^m,00$
2e	»	...	$0^m,50 - 0^m,00 = 0^m,50$
3e	»	...	$0^m,50 - 0^m,00 = 0^m,50$
4e	»	...	$0^m,50 - 0^m,02 = 0^m,48$
5e	»	...	$0^m,50 - 0^m,04 = 0^m,46$
6e	»	...	$0^m,50 - 0^m,06 = 0^m,44$
7e	»	...	$0^m,50 - 0^m,08 = 0^m,42$
8e	»	...	$0^m,50 - 0^m,10 = 0^m,40$
9e	»	...	$0^m,50 - 0^m,12 = 0^m,38$

$$AB = 4^m,50 - 0^m,42 = 4^m,08 \text{ ou BF.}$$

Nous passons à la courbe de bordure.

Courbe de bordure.

1re laize d'amure	....	0m,00	
2e	»	....	0m,00
3e	»	....	0m,00
4e	»	....	0m,02
5e	»	....	0m,04
6e	»	....	0m,06
7e	»	....	0m,08
8e	»	....	0m,10
9e	»	....	0m,12
		Total.....	0m,42

Il est évident que si nous ajoutons cette somme des coupes de bordure à la somme des coupes de la vergue 4m,08, nous réalisons 4m,50, ou AB devenu DF par construction.

Si l'on opérait autrement que par les Tables de coupe, le nombre de laizes de la voile serait déterminé à l'aide du droit fil CB, divisé par 0m,52 (laize de 0m,57). Dans le cas où la laize dont on se sert aurait une largeur différente, on aurait soin de ménager un recouvrement moyen de 0m,05 par laize de bordure, comprise de D en G ; les coutures de G en C sont régulières dans leur étendue et égales à 0m,04.

La hauteur des coutures à la bordure est de 1 mètre à 1m,10. Les coutures à l'envergure sont également forcées sur la courbe à partir du bout extérieur ; ces élargissements sont de 0m,070, 0m,060, 0m,050, 0m,045, sur une hauteur qui atteint le deuxième et troisième ris. Si le nombre de laizes est grand, on fait varier ces élargissements de deux en deux coutures.

Tableau de coupe d'une voile à antenne.

NUMÉROS DES LAIZES..	1	2	3	4	5	6	7	8	9
Coupes { à l'envergure....	0,50 m	0,50 m	0,50 m	0,48 m	0,46 m	0,44 m	0,42 m	0,40 m	0,38 m
{ à la bordure	0,00	0,00	0,00	0,02	0,04	0,06	0,08	0,10	0,12
Somme..............	0,50	0,50	0,50	0,50	0,50	0,50	0,50	0,50	0,50
Lis du vent.............	0,00	0,50	1,00	1,50	2,00	2,50	3,00	3,50	4,00
Grands côtés............	0,50	1,00	1,50	2,00	2,50	3,00	3,50	4,00	4,50

La longueur de l'envergure étant raccourcie de A en I, à cause de l'abaissement du point A au point F, aussitôt que les coutures de la voile sont rabattues on frotte les gaînes d'envergure et bordure. On met ensuite la ralingue de vergue au palan (filin en quatre demi-usé), on la roidit fortement, et, dans cet état de tension, on marque sur ce cordage la mesure de l'envergure AC.

On porte le point d'amure de la voile à l'une des marques C, on l'y fixe solidement par un bon pointage et l'on hale sur les coupes en biais de l'envergure, jusqu'à ce que leur allongement permette d'atteindre le point A de la seconde marque. Par ce procédé on arrive à mettre la voile à bloc aussitôt qu'on l'envergue. Telle est la règle pratiquée dans cette confection, qui dans toute autre voile serait vicieuse.

Le pli de la gaîne, dans lequel on place un *luzin*, est lié à la ralingue par des bridures de fil à voile de 0ᵐ,10 en 0ᵐ,10.

On opère à la bordure d'une manière analogue à celle que nous venons de décrire pour l'envergure. Le filin qu'on emploie pour ralingue y est un peu plus fort, et on y laisse un excédant de longueur pour servir d'écoute à la voile. Le pointage des ralingues achevé, on broche les gaînes, c'est-à-dire on rabat le pli des gaînes.

La chute arrière ne reçoit pas de ralingue : on soutient la lisière de la laize par une bande de toile pliée en quatre et cousue à points debout sur un pli du lis. Mais on introduit auparavant dans l'intérieur de cette bande une ligne retenue vers le haut de la chute, et qui vient ressortir un peu au-dessus du point d'écoute par un œillet disposé à cet effet ; cette ligne se nomme le **nerf.**

Voile de houari.

§ 39. Les voiles enverguées sont triangulaires comme dans la tartane, mais les vergues prolongent les mâts sur lesquels elles glissent au moyen de deux rocambeaux.

De toutes les voilures latines celle-ci est la moins dangereuse, une des plus jolies, et elle est facile à manœuvrer. Elle convient à des embarcations légères, peu armées en hommes, et donne la vitesse au plus près. Elle n'est jamais très-bonne pour un vent largue ou un vent arrière, et elle est toujours mauvaise quand les mâts ne sont pas *très-inclinés (Manuel du Voilier).*

On remarque depuis quelque temps à Marseille bon nombre d'embarcations de régates dont la voilure se rapproche sensiblement de celle-ci ; mais la surface de voilure de ces embarcations pontées exagère beaucoup les règles ordinaires : aussi n'emploie-t-on ces canots que dans des circonstances où tout est sacrifié à l'avantage de la marche.

Nous allons donner ici la coupe d'une voile de ce genre, espérant qu'elle pourra servir de point de départ à des expériences futures.

Le tracé de la voile par nos Tables est très-simple : il suffit de représenter la configuration ABC (*fig.* 7, *Pl. II*) d'après les mesures données, augmentées des gaînes et facteurs d'élargissement de coutures ; puis de tracer une courbe CFA, en lui donnant pour flèche DF, de $0^m,03$ à $0^m,04$ par mètre de A en C, cette flèche étant placée un peu plus haut que la moitié de la vergue.

Quant aux mous répandus dans les $\frac{2}{3}$ du nombre de laizes de la chute, on les prélève de la somme totale des coupes de bordure, de manière à faire croître l'angle de l'écoute et à jeter en même temps une courbure en arrière, si avantageuse pour gagner dans le vent. Ce résultat expose moins la barque à chavirer, parce que le vent se décharge de la voile avec plus d'abondance, tandis que les coutures sans mous cèdent moins à la pression du vent, brident et retiennent la marche du canot en l'exposant, comme nous le disons plus haut, à sombrer sous sa charge.

Soit une voile dans les dimensions suivantes :

Envergure......	$11^m,90 + 0^m,40 = 12^m,30$
Chute..........	$14^m,40 + 0^m,20 = 14^m,60$
Bordure......	$8^m,15 + 0^m,20 + 0^m,45 = 8^m,80.$

La surface de la voile aura donc pour côté de chute $14^m,60$, et pour bordure $8^m,80$.

Du point C on abaisse une perpendiculaire sur la chute AB, et on mesure OB à l'échelle : cette distance donne $3^m,77$ de tombé d'écoute. Du point B on porte $1^m,10$, $\frac{1}{3}$ environ de OB, de B en H, valeur destinée à la somme des mous. Du point C au point H on trace une droite, sous laquelle on forme une courbe, dont la flèche placée au $\frac{1}{3}$ de la bordure, à compter du point C, ne dépasse pas $0^m,03$ à $0^m,04$ par mètre d'amure en écoute. Nous supposons ici la bordure de la voile transfilée sur le gui, autrement il reviendrait, dans une bordure libre, de $0^m,12$ à $0^m,14$ de flèche par mètre. Cette courbe de bordure tracée ici doit se confondre au point J avec la droite BC, à l'endroit même où cessent les mous.

La somme des mous est ainsi divisée, en partant de B vers J: $0^m,20$; $0^m,18$; $0^m,16$; $0^m,14$; $0^m,12$; $0^m,10$; $0^m,08$; $0^m,06$; $0^m,04$; $0^m,02 = 1^m,10$.

La courbe CB, qui devient la courbe CH par construction, quand les laizes sont assemblées, a pour coupe moyenne $\dfrac{3^m,77}{14^l,5} = 0^m,26$ par laize entière, et $0^m,13$ pour la fraction d'amure.

Les quatre premières laizes (y compris la fraction) au départ de l'amure conservent des coupes égales; mais les laizes situées entre le point J et l'écoute ont une coupe de $0^m,26$, *moins* le mou à boire dans chaque laize, mou progressif qui permet de convertir les *coupes droites en coupes courbes.*

Coupes de bordure, moins les mous.

Fraction..........	$0^m,13 - 0^m,00 = 0^m,13$	
Laize n° 1.....	$0^m,26 - 0^m,00 = 0^m,26$	
» n° 2.....	$0^m,26 - 0^m,00 = 0^m,26$	
» n° 3.....	$0^m,26 - 0^m,00 = 0^m,26$	
» n° 4.....	$0^m,26 - 0^m,00 = 0^m,26$	
» n° 5.....	$0^m,26 - 0^m,02 = 0^m,24$	
» n° 6.....	$0^m,26 - 0^m,04 = 0^m,22$	
» n° 7....	$0^m,26 - 0^m,06 = 0^m,20$	
» n° 8....	$0^m,26 - 0^m,08 = 0^m,18$	
» n° 9.....	$0^m,26 - 0^m,10 = 0^m,16$	
» n° 10.....	$0^m,26 - 0^m,12 = 0^m,14$	
» n° 11...	$0^m,26 - 0^m,14 = 0^m,12$	
» n° 12.....	$0^m,26 - 0^m,16 = 0^m,10$	
» n° 13....	$0^m,26 - 0^m,18 = 0^m,08$	
» n° 14....	$0^m,26 - 0^m,20 = 0^m,06$	

$3^m,77 - 1^m,10 = 2^m,67$ ou OH.

Passons aux coupes de la vergue, où il suffit tout simplement de mesurer les hauteurs de coupe à l'échelle et de déterminer leurs valeurs analogues à celles qui suivent : fractions d'amure, $0^m,36$; coupes entières, $0^m,90$; $0^m,89$; $0^m,88$; $0^m,87$; $0^m,86$; $0^m,84$; $0^m,81$; $0^m,77$; $0^m,73$; $0^m,69$; $0^m,64$; $0^m,59$; $0^m,53$; $0^m,47$, dont la somme égale $10^m,83$, ou la chute AB — OB. En conséquence, si nous réalisons ici la valeur $10^m,83$, en y ajoutant le tombé $3^m,77$, nous compléterons la chute $14^m,60$.

Au moyen des résultats qui précèdent, nous pouvons former le tableau de coupe de la voile.

Tableau de coupe.

Nombre de laizes	$\frac{5}{10}$	1	2	3	4	5	6	7	8	9	10	11	12	13	14
Coupes { à l'envergure	0,36	0,90	0,89	0,88	0,87	0,86	0,84	0,81	0,77	0,73	0,69	0,64	0,59	0,53	0,47
{ à la bordure	0,13	0,26	0,26	0,26	0,26	0,24	0,22	0,20	1,18	0,16	0,14	0,12	0,10	0,08	0,06
Somme	0,49	0,16	1,15	1,14	1,13	1,10	1,06	1,01	0,95	0,89	0,83	0,76	0,69	0,61	0,53
Lis du vent	0,00	0,49	1,65	2,80	3,94	5,07	6,17	7,23	8,24	9,19	10,08	10,91	11,67	12,36	12,97
Grands côtés sans mous	0,49	1,65	2,80	3,94	5,07	6,17	7,23	8,24	9,19	10,08	10,91	11,67	12,36	12,97	13,50
Mous	"	"	"	"	"	0,02	0,06	0,12	0,20	0,30	0,42	0,56	0,72	0,90	1,10
Grands côtés avec mous	0,49	1,65	2,80	3,94	5,07	6,19	7,29	8,36	0,39	10,30	11,39	12,23	13,08	13,87	14,60

Les coutures à la bordure seront, pour les deux tiers, forcées à o^m,o3 et réduites à o^m,o2 à la hauteur d'un mètre; mais pour le tiers avant, les coutures seront régulières dans leur étendue totale.

Les coutures à la vergue seront forcées dans les deux tiers du haut de o^m,o4 à o^m,o3 et réduites à o^m,2 à la longueur de 1^m,5o à 1 mètre.

La gaîne de bordure, au point d'amure, sera forcée du double de sa largeur et réduite au point J à la largeur régulière jusqu'à l'écoute; cette gaîne portera des œillets sur la couture, pour servir à transfiler la bordure de la voile sur le gui.

La toile à petite laize pour embarcations convient mieux que la toile ordinaire de o^m,57 de largeur. Il serait à désirer que les manufactures fabriquassent des toiles à petite laize destinées exclusivement aux voiles de canot, ayant un fil régulateur placé à o^m,o15 du bord du lis, et une largeur totale de o^m,315.

Deux espèces de toiles de ce genre satisferaient à tous les besoins et rendraient d'excellents services, tant sous le rapport de l'économie qu'à cause de l'avantage qu'elles offriraient de faire de bonnes voiles, c'est-à-dire des voiles bien conditionnées et moins susceptibles de se déformer.

Foc d'embarcation.

§ 40. Soit ABC (*fig. 8, Pl. II*) ce triangle. L'envergure du foc sera courbe, la flèche de cette courbe égale à $\frac{1}{17}$ de la chute et placée à une distance du point de drisse égale à cette même chute; donc, si on prend CE = CB, on trace ED perpendiculaire à AC, ayant pour valeur $\frac{1}{17}$ de CB. Le point D étant l'extrémité de la

flèche de draille, on trace une courbe ADC qui représente l'envergure du foc. Quant à la bordure, elle est
telle que, AJB ayant sa flèche placée plus près de l'é-
coute que de l'amure, cette flèche est égale à $\frac{1}{10}$ de la
bordure.

Les mous sont appliqués comme au foc courbe ordinaire, ainsi que les élargissements et les hauteurs des
coutures.

DES VOILES CARRÉES.

Tracé d'un hunier à côtés courbes.

§ 41. Presque tous les huniers ont la bordure ou
les côtés de chute échancrés. On fait ces échancrures
pour que la voile établisse mieux, pour qu'elle ne
fatigue pas sa vergue de hune, ne fasse pas le sac au
plus près du vent, et aussi pour que le fond ne porte
pas sur les étais et autres manœuvres.

Ces échancrures doivent avoir, autant que possible,
la forme d'un *arc de cercle,* qui est la plus favorable de
toutes au bon effet de la voile.

L'échancrure de bordure ne devrait pas avoir pour
flèche plus des $\frac{25}{100}$, soit $0^m,025$ par mètre, de la droite
de bordure. L'échancrure des côtés de chute doit avoir
une flèche variant de $\frac{36}{100}$ à $\frac{40}{100}$, soit $0^m,036$ à $0^m,040$
par mètre de chute au carré.

Dans certaines voilures, ces règles sont pourtant
variables. Dans tous les cas, l'échancrure dépendra
de la flèche qu'on est dans la nécessité d'admettre
d'après le système de gréement. Aujourd'hui surtout
que les étais sont plus inclinés à l'horizon, à cause
d'une plus grande distance entre les mâts, l'échancrure de bordure ne peut avoir de règle fixe.

Soit un hunier dans les dimensions qui suivent :

Envergure...... $5^m,81 + 0^m,24 = 6^m,05$
Bordure......... $9^m,21 + 0^m,24 = 9^m,45$
Chute.......... $3^m,56 + 0^m,24 = 3^m,80$
Gaînes......... $0^m,24$

Ce hunier est représenté sous sa demi-surface A, B, C, D (*fig.* 9, *Pl. II*), ayant pour chute AC, $3^m,80$, et offrant à la vue, dans le tableau de coupe, 5 laizes et une fraction de laize pour une *demi-envergure*, et 8 laizes et une fraction pour une *demi-bordure*.

La flèche d'échancrure de bordure se porte de C en G; celle du côté est fixée au milieu, de B en D; son développement se règle d'après la position de la bande du dernier ris (*). Il faut que cette bande KJ ne dépasse pas la moitié du *bois mort* de la vergue de hune; en conséquence, vous joignez le point J au point I; alors, du point B, en écoute D, vous tracez une courbe qui, dans son plus grand écartement de la droite BD, passe par J, au milieu E par exemple. Vous mesurez EF à l'échelle du plan qui vous donne la valeur de cette flèche.

La courbe de bordure se trace de D en G; mais, au point L, aux $\frac{2}{3}$ de l'écoute, elle se redresse et suit la direction du droit fil. Cette partie GL de la voile est réservée à la base du tablier, et les lignes ponctuées dans la demi-surface du hunier représentent également la demi-partie de ce doublage, dont la forme est avantageuse à la durée de la voile.

(*) La dernière bande de ris d'un hunier se place ordinairement aux $\frac{45}{100}$ de la chute au carré, mesurée de l'envergure.

Le reste de la coupe du hunier est facile à saisir, puisqu'il ne s'agit que de tracer les triangles de coupe et de mesurer à l'échelle du plan leurs hauteurs variables.

Les coupes du côté donnent :

Fraction de vergue $\frac{8}{10}$ ...	$ab =$	$0^m,70$
Laize n° 1...............	$dc =$	$1^m,40$
» n° 2..............	$fe =$	$1^m,10$
Fraction d'écoute........	$ij =$	$0^m,70$
Somme AC.....		$3^m,90$

D'après les dimensions précitées, cette somme dépasse la chute $3^m,80$ de $0^m,10$. Vous corrigez cette erreur dans la répartition qui suit :

$$0^m,69$$
$$1^m,37$$
$$1^m,07$$
$$0^m,67$$

Total..... $3^m,80$ chute vraie.

Mesurez ensuite les coupes de bordure et vous trouverez :

Laize n° 1........	$lm =$	$0^m,03$
» n° 2........	$no =$	$0^m,05$
» n° 3........	$pq =$	$0^m,08$
» n° 4.		$0^m,12$
» n° 5...........		$0^m,17$
Fraction $\frac{8}{10}$...........		$0^m,15$
Valeur de la flèche CG..		$0^m,60$

Avec ces éléments de calcul on formera le tableau de coupe.

NUMÉROS DES LAIZES.....	$\frac{7}{10}$	1	2	3 $\frac{6}{10}$ au droit fil	4	5	DIMENSIONS.
Coupes { au côté..........	m 0,69	m 1,07	m 1,37	m 0,67	m //	m //	Envergure.... .... 5,81 m
{ à la bordure	0,15	0,17	0,12	0,08	0,05	0,03	Bordure.......... 9,21
Différence...............	0,54	0,90	1,25	0,59	0,05	0,03	Chute.......... . 3,56
Lis du vent..............	0,00	0,54	1,44	2,69	3,28	3,23	Gaines........... 0,24
Grands côtés............. .	0,54	1,44	2,69	3,28	3,23	3,20	

6 laizes coupées à 3m,20.

Les 6 laizes du centre seront coupées à 3^m,20, et, à partir du n° 5 du tableau, les coupes de 0^m,03, 0^m,05, 0^m,08, etc., seront portées en augmentation vers les points d'écoute, comme l'indique le dessin.

La concordance des laizes de ce hunier avec les mesures données dépend de l'exactitude de la division 0^m,54 des lignes de la Table. Si l'on doutait de cette exactitude, il serait facile de la vérifier, en divisant, comme au § 16, les bases de la voile par 0^m,54.

Exemple de vérification :

$$\frac{6^m,05}{0^m,54} = 11^l,2$$

$$\frac{9^m,44}{0^m,54} = 17^l,4.$$

Maintenant, comptons dans le tableau : 1° le nombre de laizes de la vergue, d'après la Table de coupe :

Laizes carrées.....		6^l
Laize n° 5........	1+1 =	2^l
» n° 4...	1+1 =	2^l
Fraction $\frac{6}{10} + \frac{6}{10}$...		1^l,2
	Total.....	11^l,2

2° le nombre de laizes de bordure :

Laizes carrées.....		6^l
Laize n° 5.... ...	1+1 =	2^l
» n° 4........	1+1 =	2^l
» n° 3........	1+1 =	2^l
» n° 2.	1+1 =	2^l
» n° 1........	1+1 =	2^l
Fraction $\frac{8}{10} + \frac{8}{10}$...		1^l,6
	Total.....	17^l,6

5.

On voit que le tracé et le calcul sont parfaitement d'accord.

L'inspection de la figure du tablier du hunier, dont nous avons parlé plus haut, et que représente de nouveau la *fig.* 10, *Pl. II*, suffit pour donner une idée de la coupe de ce doublage.

Tracé du perroquet.

§ 42. Nous établissons le perroquet au-dessus du hunier, à la place qu'il occupe réellement; cela donnera l'idée du rapport qui existe entre sa coupe et celle du hunier.

Nous avons vu (§ 17) comment, au moyen des mâts et des vergues, on calcule les dimensions du perroquet. Supposons que ces dimensions soient les suivantes :

$$\text{Envergure} \ldots \ldots \quad 4^m,40 + 0^m,20 = 4^m,60$$
$$\text{Bordure} \ldots \ldots \ldots \quad 6^m,20 + 0^m,20 = 6^m,40$$
$$\text{Chute au carré} \ldots \quad 2^m,10 + 0^m,20 = 2^m,30$$
$$\text{Gaînes} \ldots \ldots \ldots \quad 0^m,20$$

Je donne au compas une ouverture égale à $2^m,30$, chute au carré; je porte cette ouverture de A en H (*fig.* 10, *Pl. II*); du point H, hauteur de la chute, je trace la ligne HI parallèle à AB, envergure du hunier, et égale à la demi-envergure du perroquet. Enfin, sur la ligne AB, qui représente l'envergure du hunier, je porte la demi-bordure du perroquet, $3^m,20$, à compter de A. Ce développement a lieu en M, un peu plus loin que l'empointure du hunier. Je compte dans la base supérieure du perroquet un nombre de laizes égal à 8 plus $\frac{25}{100}$ de chaque côté, et dans la base inférieure AM 10¹ $\frac{14}{100}$ de chaque bord, valeur de 11¹, 4.

En effet, si j'avais divisé ces deux bases par 0ᵐ,54, j'aurais dû trouver les mêmes résultats. Confiant dans cette opération, je trace mes courbes.

Pour la courbe de bordure, je donne pour flèche AJ, valeur de 0ᵐ,05 à 0ᵐ,10, par mètre de bordure, soit 0ᵐ,50. Je laisse figurer 2 laizes au carré occupant le centre de la bordure de J en O, et je trace la courbe OM. Je passe ensuite à la courbe du côté, dont la flèche *pq*, placée au milieu, ne doit pas dépasser 0ᵐ,03 par mètre de chute au carré : supposons-la ici de 0ᵐ,06. Je trace ensuite les hauteurs de coupe.

J'ai pour R*t* 1ᵐ,65 et pour TS 0ᵐ,65, ce qui me fait en somme 2ᵐ,30, valeur égale à la chute au carré, gaînes comprises.

Je passe aux coupes de bordure :

Fraction d'écoute......	0ᵐ,12
Laize nº 1............	0ᵐ,14
» nº 2.	0ᵐ,11
» nº 3	0ᵐ,08
» nº 4......... ..	0ᵐ,05
Total.....	0ᵐ,50 flèche.

Avec ces résultats, je compose le tableau de coupe qui suit :

NUMÉROS DES LAIZES	$\frac{75}{100}$	1 $\frac{25}{100}$	2	3	4	DIMENSIONS.
Coupes { au côté........	0,65	1,65	"	"	"	Envergure......... 4,40
{ à la bordure....	0,12	0,14	0,11	0,08	0,05	Bordure..... 6,20
Différence..............	0,53	1,51	0,11	0,08	0,05	Chute.......... 2,10
Lis du vent.............	0,00	0,53	2,04	1,93	1,85	Gaînes........... 0,20
Grands côtés...........	0,53	2,04	1,93	1,85	1,80	

2 laizes coupées à 1m,80.

Vérifions, à titre d'exercice, si ce tableau renferme exactement le nombre de laizes et de fractions de laize que nous·avons trouvé par le tracé.

A l'envergure :

Laizes carrées..... 2^l

No 4 du tableau... $1 + 1 = 2^l$

No 3   »   ... $1 + 1 = 2^l$

No 2   »   .... $1 + 1 = 2^l$

Fraction No 1   »   ... $\frac{25}{100} + \frac{25}{100} = 0^l,5^l$

Total..... $8^l,5$

Ce sont les $8^l \frac{25}{100}$ de chaque côté dont nous·avons parlé plus haut, p. 107.

A la bordure :

Laizes carrées..... 2^l

No 4 du tableau... $1 + 1 = 2^l$

No 3   »   ... $1 + 1 = 2^l$

No 2   »   ... $1 + 1 = 2^l$

No 1   »   ... $1 + 1 = 2^l$

Fraction......... $\frac{75}{100} + \frac{75}{100} = 1^l,5$

Total..... $11^l,5$

Ce dernier résultat se trouve d'accord avec le nombre de laizes de bordure ($10^l \frac{75}{100}$ de chaque côté ou $11^l,4$) trouvé plus haut.

Les règles à suivre pour le tracé du cacatois sont les mêmes que pour celui du perroquet.

Basses voiles carrées.

§ 43. Dans toute basse voile, l'envergure est droite, la bordure un peu plus grande que l'envergure, et le fond est échancré pour parer les dromes et les bastingages ; quelquefois même, pour parer le fond, au-dessus de certains tuyaux ou cheminées et passerelles, on est dans l'obligation d'échancrer la grand'voile en dépassant 3 mètres de flèche au fond. Dans ce cas, on doit laisser au carré $\frac{1}{3}$ des laizes de la bordure.

Quand la bordure n'est pas beaucoup plus grande que l'envergure, les côtés de chute sont coupés droits ; au contraire, quand la différence de longueur entre la bordure et l'envergure est assez grande pour qu'à la hauteur où elles sont placées les bandes de ris soient égales en longueur ou supérieures à la distance des taquets des basses vergues, on est forcé d'échancrer les côtés de chute, pour que la bande de ris puisse être roidie sur la vergue.

Quand les voiliers sont libres de fixer eux-mêmes la bordure des basses voiles, ils ne doivent pas la faire beaucoup plus longue que l'envergure, car il en résulterait plusieurs inconvénients. Au plus près du vent, la voile établirait moins bien qu'avec une bordure modérée. Avec un peu de largue on ne pourrait pas, sans faire faséier la voile, choquer l'écoute, comme on le fait au grand avantage de la marche, quand la bordure est bien proportionnée.

Tracé de la voile.

En partant du même principe, c'est-à-dire en maintenant une couture au milieu de la voile, nous la représenterons dans sa demi-surface à l'aide des dimensions suivantes :

Envergure.	$9^m,26 + 0^m,24 =$	$9^m,50$
Bordure.	$11^m,74 + 0^m,24 =$	$11^m,90$
Chute au carré.	$4^m,34 + 0^m,24 =$	$4^m,55$
Flèche de bordure. . .	$0^m,60$	
Gaînes.	$0^m,24$	

Du point C (*fig.* 11, *Pl. II*), milieu de l'envergure, je porte une ouverture de compas égale à $4^m,55$ (chute au carré) en G'. A partir de ce dernier point, je trace une parallèle à CD sur laquelle je porte la demi-bordure $5^m,95$ de G' en V. Je joins les points VD, et j'obtiens la configuration de la demi-surface de ma voile.

Je porte la flèche d'échancrure de bordure de G en X qui est de $0^m,60$, différence de la chute au carré sur celle du fond. Enfin je laisse le tiers environ des laizes au carré de X en Y, et je trace la courbe de Y en V.

Le nombre de laizes entières est égal à 16 plus $\frac{8}{10}$ de laize à l'envergure. En effet, $\frac{9^m,50}{0^m,54} = 17^l \frac{8}{10}$ environ, ce qui forme dans la table 8 laizes plus $\frac{8}{10}$ à chaque empointure.

Le nombre de laizes de la bordure est de 11 plus 11 ou 22 laizes, qui multipliées par $0^m,54$ donnent $11^m,90$.

Il ne reste plus qu'à relever les coupes de côté et celles de bordure.

La hauteur de coupe du côté *rs* égale $1^m,17$, celle de *t* en *h* est de $2^m,20$ et celle de *i* en D $1^m,19$. Donc $1^m,17 + 2^m,20 + 1^m,19 = 4^m,55$, chute au carré.

La somme des coupes de la demi-bordure s'élève à
0^m,6o.

1re laize au départ de Y...	0^m,02
2^e	»	...	0^m,04
3^e	»	...	0^m,06
4^e	»	...	0^m,08
5^e	»	...	0^m,10
6^e	»	...	0^m,13
7^e	»	...	0^m,17

Total....... 0^m,6o flèche de bordure.

Ces éléments de tracé donnent le tableau de coupe
suivant :

Tableau de coupe d'une basse voile carrée.

NUMÉROS DES LAIZES....	1	2	3 $\frac{8}{10}$ droit fil.	4	5	6	7	DIMENSIONS.
Coupes { à la bordure...	1,17	2,20	1,18	"	"	"	"	Envergure... 9,26
au côté	0,17	0,13	0,10	0,08	0,06	0,04	0,02	Bordure.... 11,74
Différence...........	1,00	2,07	1,08	0,08	0,06	0,04	0,02	Chute...... 4,34
Lis du vent...	0,00	1,00	3,07	4,15	4,07	4,01	3,97	Gaines...... 0,24
Grands côtés	1,00	3,07	4,15	4,07	4,01	3,97	3,95	

8 laizes coupées à 3m,95.

Si des 22 laizes de bordure dont il est parlé p. 111 on retranche 5 $\frac{6}{10}$ pointes, on obtient 16 $\frac{4}{10}$ laizes d'envergure de chaque côté, nombre égal à celui qu'on trouve en doublant le n° 7 du tableau des laizes et en ajoutant le produit de cette multiplication aux 8 laizes coupées au carré.

De l'artimon.

§ 44. Nous rangeons l'artimon au nombre des voiles planes, en admettant qu'on peut tailler de cette manière les voiles auriques de capè et certaines voiles d'étai basses qui ont plusieurs dénominations.

Les voiles auriques planes ont leurs côtés droits. Dans une voile aurique, les laizes sont toujours parallèles à la chute, bien que les Anglais et les Américains mettent des pointes sur la chute; mais cet usage n'est pas encore répandu en France.

La voile dont il s'agit a les dimensions suivantes, sans compter les gaînes :

Envergure............	$4^m,45 + 0^m,20 = 4^m,65$
Bordure............	$4^m,20 + 0^m,20 = 4^m,40$
Chute..	$6^m,40 + 0^m,20 = 6^m,50$
Mât.	$3^m,60 + 0^m,20 = 3^m,80$
Diagonale d'écoute....	$5^m,20$

Conformément au § 21, nous représenterons cette voile dans les dimensions ABCD (*fig.* 12, *Pl. II*), et nous inscrirons aussitôt 7 laizes à l'envergure et 8 laizes et une fraction de laize à la bordure. Le point d'écoute formant **angle droit** avec la chute et la bordure indique que cette dernière sera coupée selon la direction du fil de trame, c'est-à-dire **à droit fil.**

On rapporte à l'échelle une des hauteurs de coupe de la vergue Aa, cela suffit pour toutes; on fait de même pour des hauteurs Cd, ce des coupes du mât, et l'on possède les éléments nécessaires à la formation du tableau de coupe de la voile, soit qu'on veuille opérer cette coupe à l'échelle (§ 28), soit qu'on préfère l'effectuer à la main (§ 27); mais par cette dernière méthode de coupe, il suffirait de mesurer d'abord tous les grands côtés des laizes à l'échelle du plan, et ensuite de mesurer leur grandeur naturelle, en donnant à chaque bout de laize de la toile la **hauteur de coupe** indiquée par le tracé.

Il va sans dire que dans l'assemblage des laizes de cette voile, les coutures recouvrent de $0^m,03$ dans toute leur étendue.

De la bonnette haute.

§ 45. Le tracé de la bonnette haute dont l'envergure n'est pas parallèle à la bordure, c'est-à-dire quand la coupe du haut diffère de celle du bas, a du rapport avec celui de l'artimon.

Soit une bonnette de hune ayant les dimensions suivantes :

Envergure............	$3^m,90 + 0^m,20 = 4^m,10$
Bordure.............	$4^m,70 + 0^m,20 = 4^m,90$
Chute d'en dedans.. ..	$5^m,60 + 0^m,20 = 5^m,80$
Chute d'en dehors.....	$6^m,10 + 0^m,20 = 6^m,30$
Diagonale d'écoute....	$5^m,90$

Donnez au compas une ouverture de $5^m,80$ (chute d'en dedans) relevée sur l'échelle de la Table, et portez-la de B en A (*fig.* 13, *Pl. II*). Le point B désigne le point d'écoute, le point A celui de l'empointure d'en dedans de la vergue. De ces deux points, avec des ouvertures de compas égales à AC (envergure) et BC (diagonale), vous obtiendrez l'empointure d'en dedans C. Enfin, des points B et C pris alternativement pour centre, avec les rayons BD (bordure) et DC (chute d'en dehors), vous décrivez deux arcs de cercle dont le point de rencontre sera le point d'amure de la voile.

Ces quatre points étant joints par les droites AC, CD et BD, la bonnette se trouve tracée dans les dimensions assignées. Il ne reste plus qu'à relever les coupes d'envergure, de bordure et de mât, et à les inscrire au tableau de coupe, s'il y a lieu, afin de déterminer les grands côtés de chaque laize.

Quant à la bonnette dont les côtés d'envergure et de bordure sont parallèles entre eux, le tracé en est beaucoup plus simple, parce qu'il peut s'effectuer sans *diagonale*. Il suffit de représenter les points AB (*fig.* 14, *Pl. II*), chute d'en dedans, et de porter à l'un de ces points la coupe convenue. Soit une coupe *ab* de 0ᵐ,12 dirigée du point A vers le point C. Des points A et *b*, je trace une ligne d'une longueur arbitraire sur laquelle je porte l'envergure de la voile. La bordure, étant parallèle à l'envergure, se règle de B en D ; le point D étant joint au point C, la voile se trouve représentée.

La coupe de cette bonnette est d'autant plus simple qu'une seule longueur de laize, suivie d'une seule coupe, suffit pour toutes les laizes qui font partie de la vergue. Quant à la coupe des pointes, elle se mesure comme à la figure précédente. On forme le tableau de coupe, s'il y a lieu de couper la voile à l'échelle, ou l'on mesure un seul grand côté, si l'on doit effectuer la coupe à la main.

Bonnette basse.

La bonnette basse est ordinairement un parallélogramme rectangle ou grand carré, dont les côtés d'envergure et de bordure sont coupés à droit fil.

Dans les bâtiments du commerce, il est d'usage, depuis quelque temps, de donner à la bonnette basse la forme d'un triangle rectangle, ayant pour base l'envergure ou la bordure de la bonnette ordinaire et pour hauteur sa chute.

L'envergure de la bonnette basse se règle sur la demi-envergure de la misaine. Sa chute est égale à la chute au point de la misaine, augmentée, si la hauteur du bâtiment au-dessus de l'eau le permet, d'une quantité *qui ne la rende pas plus longue que la distance de la vergue de misaine au pont.*

VOILES AURIQUES A CÔTÉS COURBES.

§ 46. **Règle à suivre.** — On n'a pas à se préoccuper, pour les focs, de l'extensibilité des toiles à voiles, mais il est indispensable d'en tenir compte en coupant une voile aurique.

La toile neuve allonge beaucoup pendant quelque temps, jusqu'à ce que la fatigue des fils ait produit son principal effet. Il suit de là qu'une voile taillée avec certaines dimensions les dépasse bientôt, et que, pour n'avoir pas des voiles trop grandes, il faut les tailler un peu courtes en commençant.

Nous n'avons pas eu à parler de cette nécessité pour les focs. Ils ont ordinairement à la draille et à l'écoute un battant considérable, de sorte qu'après avoir allongé ils peuvent établir aussi bien qu'auparavant.

Nous n'en avons rien dit non plus à propos des voiles carrées, parce que ces voiles sont planes, et comme telles faciles à retoucher.

Il n'en est pas ainsi des voiles auriques courbes. Avant de les couper, il faut tenir compte des allongements ultérieurs que prendra la toile dont on les fait.

Les raccourcissements doivent être proportionnés aux allongements probables de la voile, et par conséquent ils varient suivant l'espèce de toile employée. La forme de la voile et les moyens employés pour l'établir devant aussi influer sur les allongements, il est nécessaire d'en tenir compte.

Les toiles allongent toujours dans les chaînes. Or, les chaînes sont placées dans le sens des chutes, et il en résulte que les chutes doivent être coupées courtes en prévision de cet allongement. Après un certain service les chaînes allongent de $0^m,03$ à $0^m,04$ par mètre courant; ce qui nous force à adopter un facteur de raccourcissement de $0^m,03$ à $0^m,04$ par mètre, tout en admettant que, pour certaines toiles, on devra augmenter ce facteur jusqu'à $0^m,06$.

Ainsi, nous adopterons ici le facteur $0^m,04$, pour les chutes d'**avant** et d'**arrière** des voiles auriques.

Dans la bordure, le facteur de raccourcissement sera de $0^m,06$ par mètre.

Dans l'envergure, nous n'en adopterons pas. Le côté envergué n'allonge que si, en envergant la voile, on exerce sur elle des tractions inconsidérées, ou si, en appliquant la ralingue à la toile, on n'a pas eu la précaution de la palanquer préalablement, afin qu'elle ne soit plus susceptible d'allongement. (*Voir* l'article Confection, *Manuel du Voilier.*)

Le bon établissement de la voile repose **sur la tension** de la **diagonale d'écoute** combinée avec la forme générale de courbure que l'abaissement des coupes et l'emploi des mous lui ont donnée. Cette diagonale doit se tendre **avant la bordure et la chute au mât.**

Le plan de réduction, ou plan réduit, sert à donner le raccourcissement que doit subir la grande diagonale d'écoute. Pour obtenir ce plan, on trace d'abord celui de la voile avec les dimensions données, de la même manière que si l'on voulait faire une voile aurique plane (§ 19).

On calcule ensuite les côtés réduits, c'est-à-dire :

Les deux chutes diminuées des $\frac{4}{100}$ de leur longueur ;

La bordure diminuée des $\frac{6}{100}$ de sa longueur.

Sur **l'envergure,** la flèche du rond doit varier entre $0^m,02$ et $0^m,03$ par mètre ; elle doit être fixée au milieu de la bordure, ou plus près de la **mâchoire** que du point de drisse.

Sur **le côté du mât,** la flèche du rond doit varier entre $0^m,02$ et $0^m,03$ par mètre, et être fixée au milieu de la bordure, ou plus près de la mâchoire que de l'amure.

Sur **le côté de bordure,** la flèche du rond doit varier entre $\frac{1}{8}$, soit $0^m,12$ par mètre, et $\frac{1}{6}$, soit $0^m,16$ par mètre de longueur du côté droit ; elle sera fixée au milieu de la bordure, ou plus près de l'amure que de l'écoute.

Coutures. — L'élargissement des coutures dans les voiles auriques est fixé ordinairement entre $0^m,05$

et o^m,08. Ce point de départ conduit à donner à l'envergure des coutures **tout au plus assez larges,** et à la bordure des coutures **forcées, même plus larges.**

Diviseur des droits fils. — De ce que nous disons des coutures il suit que le choix du diviseur des droits fils se fait entre o^m,50 et o^m,52, selon le plus ou moins de courbure qu'on veut donner à la voile, et que du diviseur moyen o^m,51, par exemple, qu'on aurait choisi pour une voile donnée, il résulterait des coutures de o^m,05 à o^m,06 à l'envergure et de o^m,07 au moins à la bordure.

Mous. — La somme des mous qui allongent la chute doit être précisément égale à la somme des abaissements de coupe qui la raccourcissent.

Cette valeur des mous doit être déterminée aussitôt que le nombre de laizes est connu, afin qu'en fixant les coupes elle serve de limite à leur abaissement.

Voici une règle simple et très-importante, applicable aux abaissements des coupes d'envergure :

Il faut que la laize de chute arrière ait sur l'envergure une coupe voisine du droit fil et que, si elle est contre-coupe, elle ne dépasse pas o^m,10.

D'après les règles qui précèdent, nous allons procéder au tracé d'une brigantine dont les mesures suivent :

Envergure................	7^m,50
Bordure	7^m,25
Chute....................	10^m,60
Mât.....................	5^m,30
Diagonale d'écoute.........	8^m,40

§ 47. Conformément au paragraphe 21, la surface ABCD (*fig.* 15, *Pl. II*) étant construite d'après les mesures indiquées ci-dessus, sans tenir compte des gaînes, nous passons immédiatement aux facteurs de raccourcissement mentionnés au paragraphe précédent :

Chute.... $10^m,60 \times 0^m,04 = 0^m,42 - 10^m,60 = 10^m,18$
Bordure.. $7^m,25 \times 0^m,06 = 0^m,43 - 7^m,25 = 6^m,82$
Mât...... $5^m,30 \times 0^m,04 = 0^m,21 - 5^m,30 = 5^m,09$

Les derniers résultats $10^m,10$; $6^m,82$; $5^m,09$ sont les mesures réduites de la *chute arrière*, de la *bordure* et du *mât*. L'envergure doit être augmentée par suite de *l'abaissement des mous* susceptibles de modifier sa longueur.

Donnez au compas une ouverture de $10^m,18$ (chute arrière) relevée sur l'échelle du plan, et du point B comme centre décrivez un arc de cercle *ab*; puis ouvrez le compas égal à AB *moins* $0^m,21$, soit $5^m,09$; prenant A pour centre, décrivez l'arc *cd*, qui coupe AD en O. Enfin, du point O comme centre, avec un rayon égal à la *bordure réduite* $6^m,82$, décrivez l'arc *ef*, qui coupera *ab* en E; joignez le point B au point E, le point E au point O, et vous obtiendrez la configuration ABEO des mesures réduites inscrites dans les grandes dimensions ABCD, et qui seront dans les conditions nécessaires au tracé suivant.

La surface réduite A'B'E'O' étant reproduite (*fig.* 16, *Pl. II*), comptez d'abord le nombre de coutures que renferme son droit fil A'H; soit 11 : multipliez ce nombre par $0^m,03$ (largeur réduite de la couture), vous obtiendrez $0^m,33$ pour produit; portez cette va-

6

leur de A' en s sur le droit fil A'H, tracez ensuite sv parallèle à B'E' jusqu'à la rencontre de la diagonale A'E'; vous obtenez ainsi une nouvelle diagonale vE' dont la valeur à l'échelle du plan donne environ 7ᵐ,38; vous passez ensuite à la somme des mous, prélevée de B'H, d'une valeur égale au sixième environ de B'H et que vous portez de B' en J : soit une valeur de 0ᵐ,81.

Ouvrez le compas égal à A'B'; prenant A' pour centre, décrivez l'arc B'K, tracez une droite A'I passant par J, et concluez que JI, estimé à l'échelle, est la valeur dont A'B' diminue à cause de l'abaissement des mous B'J, et que par conséquent cette valeur doit être restituée à A'B'. Ainsi donc, donnez au compas une ouverture égale à A'B' plus JI, soit 8ᵐ,10; prenez B' pour centre, et décrivez l'arc ab; puis, avec une seconde ouverture de compas, égale à vE', diagonale réduite à 7ᵐ,38, prenant E' pour centre, vous coupez l'arc ab en un point C. Enfin, du point C, avec les mesures du mât A'O', et un second rayon égal à la bordure O'E', prenant successivement pour centre E' et C, vous décrivez deux arcs de cercle dont le point de rencontre M désigne le nouveau point d'amure. Joignez ces points par les droites B'C, CM et ME', vous obtiendrez la configuration de votre voile, telle qu'elle doit être déterminée dans la *Table de coupe.*

A cet effet, transportez la surface CB'E'M un peu plus loin (*fig.* 17, *Pl. II*) et supposez que vous tracez sur des laizes de toile dont le recouvrement régulier soit de 0ᵐ,51. Si vous courbez ses bords *d'après les règles indiquées au paragraphe précédent*, et que vous coupiez dans la toile selon le tracé, il est évident que lorsque ces laizes seront assemblées par des coutures de 0m,03, la diagonale E″C′ augmentera de la différence de 0m,03 à 0m,06, et redeviendra A′E′ (*fig.* 16).

Les élargissements des coutures forcées qui ont été prévues maintiendront la voile dans ses dimensions d'*envergure* et de *bordure*, puis elle sera *plane* dans son milieu et courbe dans ses bords. Tel a déjà été (§ 26) le résultat de la coupe au piquet d'une voile d'embarcation (*fig.* 18, *Pl. I*).

Lorsque les courbes de la voile sont tracées d'après les flèches indiquées (§ 46) pour l'envergure, le mât et la bordure, à un tiers de C′B″, en partant de C′, on trace une courbe NO : cette courbe, nous le savons déjà, est la direction que doit suivre la courbe de l'envergure au départ de B″.

Nous avons fixé plus haut la somme des mous à 0m,81 ; nous la répartirons maintenant dans les deux tiers des laizes de la vergue de la manière suivante : 0m,03 ; 0m,05 ; 0m,07 ; 0m,09 ; 0m,11 ; 0m,13 ; 0m,15 ; 0m,18 = 0m,81.

Pour faire figurer ces mous dans le plan, on commence d'abord par tracer une droite B″c parallèle à la courbe NO, et on porte le *mou* 0m,18 de c en o ; on trace ensuite oe et l'on porte le *mou* 0m,15 de c en t, et ainsi de suite, toujours parallèlement à NO. On arrive enfin au point N, où les mous cessent et où règne l'égalité de longueur entre les coutures qui terminent le reste de la voile.

Maintenant, si nous relevons les hauteurs de coupe données par le tracé, nous trouverons :

1° Pour le mât :

A l'amure pour $\frac{6}{10}$ de laize sur droit fil.   1^m,08

Pour laize entière....................   2^m,72

Pour fraction à la mâchoire $\frac{6}{10}$........   1^m,17

       Somme des coupes au mât...   4^m,97

2° Pour l'envergure :

Fraction $\frac{6}{10}$ à la mâchoire............   0^m,25

1re laize entière.....................   0^m,76

2e »   ....   0^m,66

3e »   ....   0^m,57

4e »   ....   0^m,49

5e »   ....   0^m,42

6e »   ....   0^m,36

7e »   ....   0^m,31

8e »   ....   0^m,26

9e »   ....   0^m,22

10e »   ....   0^m,20

11e »   ....   0^m,19

       Total...   4^m,69

3° Pour la bordure :

Fraction à l'amure..................   0^m,11

1re laize...........................   0^m,25

2e »   ....   0^m,18

3e »   ....   0^m,13

4e »   ....   0^m,09

5e »   ....   0^m,06

6e »   ....   0^m,04

7me laize . . . . $0^{\text{m}},02$

8e » . . . . $0^{\text{m}},02$

9e » . . . . $0^{\text{m}},07$

10e » . . . . $0^{\text{m}},13$

11e » . . . . $0^{\text{m}},20$

12e » . . . . $0^{\text{m}},30$

13e » . . . . $0^{\text{m}},45$

Il ne reste plus, pour compléter ce travail, qu'à former le tableau de coupe des éléments qui précèdent et dans lesquels les mous ne seront pas compris; nous les ajouterons ensuite, non pas comme ils figurent plus haut, mais en les convertissant en mous correspondants.

Mous à boire convertis en mous correspondants :

$$0^{\text{m}},03 + 0^{\text{m}},00 = 0^{\text{m}},03$$
$$0^{\text{m}},05 + 0^{\text{m}},03 = 0^{\text{m}},08$$
$$0^{\text{m}},07 + 0^{\text{m}},08 = 0^{\text{m}},15$$
$$0^{\text{m}},09 + 0^{\text{m}},15 = 0^{\text{m}},24$$
$$0^{\text{m}},11 + 0^{\text{m}},24 = 0^{\text{m}},35$$
$$0^{\text{m}},13 + 0^{\text{m}},35 = 0^{\text{m}},48$$
$$0^{\text{m}},15 + 0^{\text{m}},48 = 0^{\text{m}},63$$
$$0^{\text{m}},18 + 0^{\text{m}}.63 = 0^{\text{m}},81$$

Tableau de coupe d'une brigantine par les Tables.

Numéros des laizes....	5/10	1	2 6/10	3	4	5	6	7	8	9	10	11	12	13
Coupes { au mât.........	1,08	2,72	1,17	//	//	//	//	//	//	//	//	//	//	//
à la vergue......	//	//	0,25	0,76	0,66	0,57	0,49	0,42	0,36	0,31	0,26	0,22	0,20	0,19
à la bordure......	0,11	0,25	0,18	0,13	0,09	0,06	0,04	0,02	−(*) 0,02	0,07	0,13	0,20	0,30	0,45
Somme ou différence.......	1,19	2,97	1,60	0,89	0,75	0,63	0,53	0,44	0,34	0,24	0,13	0,02	−(**) 0,10	0,26
Lis du vent.	0,00	1,19	4,16	5,76	6,65	7,40	8,03	8.56	9,00	9,34	9,58	9,71	9,73	9.63
Grands côtés sans mous.....	1,19	4,16	5,76	6,65	7,40	8,03	8,56	9,00	9,34	9,58	9,71	9,73	9,63	9,37
Mous................	//	//	//	//	//	.//	0,03	0,08	0,15	0,24	0,35	0,48	0,63	0,81
Grands côtés avec mous.....	1,19	4,16	5,76	6,65	7,40	8,03	8,59	9,08	9,49	9,82	10,06	10,21	10,26	10,18
Coutures { Élargissements..	0,035	0,040	0.045	0,050	0,055	0,06	0,06	0,06	0,06	0,065	0,07	0,075	0,08	//
Hauteurs.......	0,50	0,90	1,30	1,70	2,10	2,50	2,50	2,50	2,50	2,00	1,50	1,00	0,50	//

Les élargissements des coutures à la vergue sont de $0^m,06$ sur $2^m,5c$ de hauteur pour toutes.

(*) (**) Ces deux signes indiquent que le nombre situé immédiatement au-dessous est soustractif : dans le premier cas, parce que la coupe remonte vers l'écoute ; dans le second, parce que les nombres $0^m,30$ et $0^m,45$ sont plus forts que ceux de la vergue $0^m,20$, $0^m,19$. Ces différences de $0^m,10$ à $0^m,25$ sont donc retranchées des longueurs de laizes $9^m,73$ et $9^m,63$. Un exemple de cette nature s'est déjà présenté (§ 32) dans le tableau de coupe d'un foc courbe.

Au premier abord, les détails qui précèdent sur la coupe de la brigantine par nos Tables pourraient paraître longs; mais, si l'on persiste à suivre la méthode de point en point, on verra que tout cela n'est qu'une affaire de simple tracé que l'on effectuera rapidement avec un peu d'habitude. Dans tous les cas, il est facultatif d'obtenir la coupe d'une voile quelconque à l'aide d'un premier tracé, sans tenir compte des facteurs de raccourcissement, sauf à la retoucher après coup. Mais un voilier, nous n'en doutons pas, tiendra toujours à livrer une voile bien conditionnée, et par conséquent il mettra pour la faire tout le soin et le temps nécessaires.

Du flèche-en-cul.

§ 48. Le flèche est une voile aurique comme une autre et n'offre de difficultés qu'à ceux qui ne connaissent pas la **coupe courbe** et qui ne se rendent pas compte de l'effet produit par la réduction de la diagonale d'écoute.

Le flèche-en-cul ayant son point d'écoute bordé sur le pic de corne, dont la position est un peu incertaine (puisqu'elle dépend de l'étarque donnée par la drisse) et qui, de plus, est sujet à filer sous le vent par l'action du vent dans la brigantine, il est évident que, pour bien porter, le flèche doit être une voile excessivement plate et faisant tout à fait la planche.

Cette voile au début doit être courte en chute : on ne doit pas non plus la border en bloc, il faut attendre que la voile inférieure adonne en chute; sans cela, on déforme le flèche par des tractions inconsidérées.

Nous l'avons vu mettre à bloc *en drisse*, puis l'amurer et le border ensuite : cela est contraire au bon établissement de cette voile. Il faut considérer le flèche comme une voile d'embarcation : on l'amure d'abord, on le hisse en fixant la vergue au mât par un rocambeau ou faux racage, puis on le borde sans le mettre à bloc, et on l'étarque ensuite jusqu'à ce qu'il fasse la planche. Quand après un certain usage la voile est à bloc partout, on peut alors supprimer le racage et rien n'empêche de hisser la voile avant de l'amurer.

Si le flèche qu'on se propose de faire est destiné à servir au-dessus d'une voile déjà à bloc, on le tiendra moins court en drisse, c'est-à-dire qu'en réglant ses mesures (§ 22), au lieu de porter le point de suspension de la vergue à $0^m,50$ plus bas que le point de drisse, on le fixera à $0^m,10$ ou $0^m,20$ en dessous, selon la grandeur du flèche. Les $0^m,40$ ou $0^m,30$ qui forment la différence serviront à remplacer la valeur présumée dont la voile inférieure aurait monté.

On ne portera également sur le côté du triangle AC (*fig. 14, Pl. I*), à compter du clan d'écoute, que $0^m,20$ ou $0^m,30$ au lieu de $0^m,50$.

Ces préliminaires établis, nous passons immédiatement à la coupe d'un flèche ayant les mesures suivantes, obtenues d'après la méthode démontrée (§ 20):

Envergure..............	$4^m,30$
Bordure	$6^m,30$

Grandes dimensions.

Chute...................	$4^m,70$
Mât.....................	$5^m,75$
Diagonale...............	$4^m,95$

Dimensions réduites.

Chute ... $4^m,70 \times 0^m,03 = 0^m,14 - 4^m,70 = 4^m,56$

Mât..... $5^m,75 \times 0^m,04 = 0^m,23 - 5^m,75 = 5^m,52$

Bordure. $6^m,30 \times 0^m,05 = 0^m,31 - 6^m,30 = 5^m,99$

La voile ABCD (*fig.* 18, *Pl. II*), tracée d'après ses quatre dimensions, subit les raccourcissements déterminés par les facteurs $0^m,03$ par mètre de chute, $0^m,04$ dans le mât et $0^m,05$ dans la bordure. En conséquence, du point B comme centre, avec un rayon égal à $4^m,56$ (chute réduite), vous décrivez l'arc *ab*. Du point A comme centre, avec la longueur raccourcie du mât $5^m,52$, vous décrivez un arc de cercle qui coupe AD en F. Enfin, du point F pris pour centre, avec une ouverture de compas égale à $5^m,99$ (bordure réduite), vous coupez l'arc *ab* en E. Vous obtenez ainsi le point d'écoute, duquel on mesure la diagonale AE, qui est de $4^m,65$ mesurée à l'échelle du plan.

Nous passons maintenant au second tracé de la voile A'B'E'F' (*fig.* 19, *Pl. II*). Vous comptez le nombre de coutures comprises entre A' et C, soit $7 \times 0^m,03 = 0^m,21$ que vous portez de A' en *i*, et du point *i* menant *iJ* parallèle à B'E', vous obtenez JE', la seconde diagonale, réduite à $4^m,35$.

Vient ensuite la somme des *mous* portée de B' en O. Du point A' tracez une droite passant par O, et du même point A' comme centre, avec un rayon égal à A'B', en partant de B', décrivez un arc de cercle qui coupe en V la ligne A'O prolongée. Mesurez OV à

6.

l'échelle du plan, et conformément au tracé de la brigantine (§ 47, *fig.* 16). Donnez au compas une ouverture semblable à l'envergure A'B' + OV, prenez B' pour centre, et décrivez l'arc *ab*. Du point E' mesurant E'J et décrivant l'arc *cd*, par l'intersection de ces deux arcs, vous déterminez un point N. Des points N et E', pris successivement pour centre, avec des ouvertures de compas égales à A'F' et E'F', vous tracez deux arcs de cercle dont le point de rencontre M désigne l'amure de la voile abaissée de la quantité voulue. Joignez les points B'N, NM et ME', et la construction de la figure nécessaire à la coupe est obtenue.

Reconstruisez la surface NB"E'M, à l'aide de la diagonale E'N (*fig* 20, *Pl. II*). Tracez la courbe de bordure, de vergue et de mât, à raison de $0^m,14$ par mètre de bordure, la flèche étant fixée au tiers de l'écoute ($0^m,03$) pour l'envergure, au milieu et de $0^m,015$ pour le mât, près du point M'. Portez la somme des mous de B" en O', à raison de $0^m,80$ pour le tiers de la somme totale des coupes de la vergue, évaluée ici à $2^m,50$. Tracez la courbe PO, à partir du tiers de NB", et formez l'échelette des *mous à boire*, comme à la figure précédente. Vous relevez ensuite les hauteurs de coupe :

1° *Du mât.*

Fraction d'amure $\frac{8}{10}$	$2^m,24$
Première laize entière.	$2^m,56$
Fraction à la mâchoire $\frac{4}{10}$	$0^m,65$
Total.	$5^m,45$

2° *De la vergue.*

Fraction à la mâchoire $\frac{9}{10}$.   0ᵐ,34

1ʳᵉ laize 0ᵐ,46

2ᵉ   » 0ᵐ,34

3ᵉ   » 0ᵐ,24

4ᵉ   » 0ᵐ,16

5ᵉ   » 0ᵐ,10

6ᵉ   » 0ᵐ,05

7ᵉ   » 0ᵐ,01

Total *sans les mous*...   1ᵐ,70, soit OC (*fig.* 19).

3° *De la bordure.*

Fraction à l'amure $\frac{9}{10}$...   0ᵐ,07

1ʳᵉ laize. 0ᵐ,10

2ᵉ   » 0ᵐ,14

3ᵉ   » 0ᵐ,18

4ᵉ   » 0ᵐ,22

5ᵉ   » 0ᵐ,28

6ᵉ   » 0ᵐ,37

7ᵉ   » 0ᵐ,43

8ᵉ   » 0ᵐ,63

9ᵉ   » 1ᵐ,00

Total. . . . .   3ᵐ,40 relevé d'écoute.

Mous correspondants convertis en mous à boire.

$$0ᵐ,10 = 0ᵐ,10 = 0ᵐ,10$$
$$0ᵐ,22 - 0ᵐ,10 = 0ᵐ,12$$
$$0ᵐ,27 - 0ᵐ,12 = 0ᵐ,15$$
$$0ᵐ,56 - 0ᵐ,37 = 0ᵐ,19$$
$$0ᵐ,80 - 0ᵐ,56 = 0ᵐ,26$$

Nous pouvons maintenant former le tableau de coupe des éléments de calcul qui précèdent.

Tableau de coupe d'un flèche-en-cul, par les Tables.

NUMÉROS DES LAIZES	$\frac{0}{10}$	1	2 $\frac{4}{10}$	3	4	5	6	7	8	9
	m	m	$\frac{0}{10}$ m	m	m	m	m	m	m	m -
Coupes { au mât	2,24	2,56	0,65	"	"	"	"	"	"	0,01
{ à la vergue	"	"	0,34	0,46	0,34	0,24	0,16	0,10	0,05	0,01
{ à la bordure	0,07	0,10	0,14	0,18	0,22	0,28	0,35	0,43	0,63	1,00
Somme ou différence	2,17	2,46	0,85	0,28	0,12	0,04	0,19	0,33	0,58	0,99
Lis du vent	0,00	2,17	4,63	5,48	5,76	5,88	5,84	5,65	5,32	4,74
Grand côté sans mous	2,17	4,63	5,48	5,76	5,88	5,84	5,65	5,32	4,74	3,75
Mous	"	"	"	"	"	0,10	0,22	0,37	0,56	0,80
Grand côté avec mous	2,17	4,63	5,48	5,76	5,88	5,94	5,87	5,69	5,30	4,55
Coutures { Élargissements	0,04	0,045	0,05	0,06	0,06	0,06	0,07	0,08	0,09	"
{ Hauteurs	0,60	0,90	1,20	1,50	1,50	1,50	1,20	0,90	0,60	"

Les élargissements des coutures à la vergue sont de 0^m,06 sur 1^m,50 de hauteur.

Quand les sommes totales des coupes de la vergue d'un flèche ou de toute autre voile aurique de même genre ne permettent pas de prélever les mous nécessaires, c'est-à-dire quand l'envergure se rapproche sensiblement du *droit fil*, on a recours à la somme des coupes de bordure, qui *augmente* de la quantité empruntée; mais la chute redevient la même quand on lui restitue cette somme en mous correspondants. Cette manière d'opérer a du rapport avec ce que l'on fait pour la voile de houari (§ 39), avec cette différence que, dans cette dernière voile, le point d'écoute est tombant, tandis qu'il relève toujours dans le cas présent. Enfin les sommes totales du haut et du bas de la voile peuvent contribuer ensemble ou séparément à la somme de mous qu'on se propose d'introduire dans une voile aurique quelconque.

Observation importante sur les Tables de coupe.

§ 49. Les Tables de coupe réduisent la laize de 0^m,57 à 0^m,54 ou à 0^m,51. Mais si une largeur de toile différente se présentait et qu'on voulût faire usage de la même Table de coupe, il suffirait de construire une autre échelle de proportion en établissant le rapport qui existe entre celle-ci et la laize proposée.

Exemple : soit une largeur de laize de 0^m,315 réduite à 0^m,30. Quelle serait la valeur du *mètre* de l'échelle à construire qui correspondrait à la Table réduite à 0^m,54?

Une opération arithmétique appelée *règle de trois* (*)

(*) *Voir* le petit Traité d'Arithmétique à la fin de l'ouvrage.

déterminera cette question :

$$0^m,30 : 0^m,54 :: 0^m,01 : x.$$

C'est-à-dire *que la largeur proposée* $0^m,30$ *est à la largeur déterminée de la Table* $0^m,54$, *comme* $0^m,01$, *valeur métrique de l'échelle, est à la valeur du mètre de l'échelle inconnue.* Voici la forme du calcul :

$$0^m,54 \times 0^m,01 = \frac{0^m,54}{0^m,30} = 0^m,018.$$

Je multiplie les deux moyens par eux-mêmes et je divise le produit par l'extrême connu ; le quotient donne $0^m,018$, valeur du mètre de l'échelle à construire, avec laquelle je puis me servir de la Table de $0^m,54$, qui par rapport à ma nouvelle échelle n'aura que $0^m,30$ pour largeur de laize réduite.

Ainsi, quelle que soit la largeur de la laize qui se présente, on pourra toujours, à l'aide de cette opération, se servir de la même Table de coupe en déterminant une nouvelle échelle.

Notre tâche se termine ici. Nous croyons avoir ramené la coupe des voiles à sa plus simple expression, c'est-à-dire l'avoir rendue *parlante aux yeux de tous*. Le tableau de coupe qui suit chaque démonstration et qui renferme le résumé du tracé n'est pas indispensable, comme nous l'avons déjà dit, pour effectuer la coupe de la voile : c'est là que gît l'esprit de la méthode de coupe, **avec** et **sans calculs.**

AVIS.

Détail des matières traitées dans le Manuel du Voilier, *et dont la connaissance est indispensable à tout voilier qui veut devenir un maître véritable dans sa profession.*

Nous espérons que les marins qui auront recours au *Manuel du Voilier* seront heureux d'y trouver telle indication oubliée ailleurs ou même complétement inconnue.

L'ouvrage est divisé en six Livres, suivis d'un vocabulaire et terminés par un appendice.

LIVRE PREMIER.

Le Livre Ier a deux chapitres. Le premier est consacré à des **notions arithmétiques** indispensables à la complète intelligence de l'ouvrage. Les proportions et les progressions des nombres y sont traitées avec détail, parce que la coupe des voiles oblige à en faire un emploi continuel. Dans le second chapitre sont données certaines notions de Géométrie, telles que définition des surfaces, mesure de leur étendue, etc. On peut les considérer comme à peu près indispensables à des ouvriers dont l'art consiste précisément à établir ou à réparer des surfaces dont la forme varie à l'infini.

Notions d'Arithmétique. — *Des signes employés dans le calcul.* — *De la racine carrée.* — *Des proportions arithmétiques.* — *Des proportions géométriques.* — *Des progressions.*

Notions de Géométrie. — *Des lignes.* — *Des angles.* — *Du triangle.* — *Du quadrilatère.* — *Du cercle.* — *De l'échelle de proportion.*

LIVRE II.

COUPE DES VOILES.

Préliminaires, page 53.

*Dimensions des toiles à voiles. — Des formes de voiles em-
ployées dans la marine. — Coupe d'une voile de la forme
d'un carré. — Du triangle de coupe. — Calculer l'hypo-
ténuse de la coupe d'une laize, connaissant sa hauteur de
coupe. — Calculer la hauteur de coupe, connaissant la
coupe oblique, etc.*

CHAPITRE PREMIER.

Division des voiles latines, page 58.

Focs plans. — *Du foc rectangle. — Du foc non rectangle. —
Du tableau de coupe. — Coupe du foc par tracé graphique.
— Coupe du foc par le calcul. — Coupe à la main.*

Focs courbes à bordure droite, page 76.

*Principaux caractères du foc. — Flèche du rond. — Déter-
mination de la flèche sur couture. — Division des coupes
de la flèche d'envergure et de bordure. — Des mous. —
Croisement des coutures. — Hauteurs des coutures.*

Focs courbes à bordure ronde, page 92.

*Coupe par le tracé. — Coupe par le calcul. — Des voiles
d'étai.*

CHAPITRE II.

Des voiles carrées, page 128.

*Coupe du hunier : 1° par le tracé ; 2° par le calcul. — Coupe
du perroquet. — Du cacatois. — Des basses voiles.*

CHAPITRE III.

Des bonnettes, page 174.

CHAPITRE IV.

Des voiles auriques, page 180.

*Considérations que réclame la coupe des voiles auriques. —
Différences dues à la forme et aux moyens d'établissement.
— Différences provenant de l'extensibilité des toiles. — Du
raccourcissement suivant la coupe des voiles. — Plan réduit.
— Choix du diviseur des droits fils. — De l'abaissement
des coupes. — Détermination préalable des mous. — Détermination de la somme des coupes d'envergure. — Ronds
d'envergure, de bordure et de mât. — Coupe d'une voile
aurique par calcul seulement. — Coupe d'un flèche.*

Tableau *pour le calcul des laizes et la coupe des voiles,* page 233.

LIVRE III.

CONFECTION DES VOILES.

Le Livre III est consacré aux **confections.** Les marins trouveront dans ce Livre bien des détails, notamment *sur l'art
d'établir les voiles,* car la voilerie est un art, et faute de le connaître on détériore vite la voile la mieux coupée.

Préliminaires, page 241.

*Du point de couture. — Des toiles employées en voilerie. —
De l'échelle de coupe.*

Du hunier, page 249.

Préparation de la voile. — *Frotter les gaînes. — Marquer les
bandes de ris.*

Renforts et doublages. — *Renforts de palanquins. — Remplis-
sage de cargue-bouline. — Renfort de cargue-fond d'en
dehors. — Tablier. — Renforts de chapeau. — Pose du tablier. — Assemblage du hunier. — Application des bandes
de ris. — Doublages.*

Ralingues et pattes, cosses et œillets. — *Pose dans la toile des cosses de toute sorte et des œillets de fond et de palanquin.* — *Manière de battre les ris.* — *Placement des œillets d'envergure.* — *Marque des pattes de bouline.* — *Pose des ralingues.* — *Point d'écoute.* — *Pose des pattes de palanquin et de bouline.* — *Branches de boulines.* — *Pattes de bosse.* — *Pattes d'envergure.* — *Couillards.* — *Filières de ris.* — *Jarretières.* — *Rabans d'empointure.* — *Baptême de la voile.* — Tous ces détails sont expliqués clairemont.

Grand'voile carrée, page 267.

La voile étant gainée. — *Pose des bandes de ris.* — *Bande intermédiaire.* — *Laizes de fond.* — *Renforts d'œillets de fond.* — *Laizes d'envergure.* — *Doublages de côté.* — *Renforts de palanquins.* — *Pattes et œillets.* — *Pattes de bouline.* — *Pattes d'envergure.* — *Œillets de fond, d'envergure et de ris.* — *Pose des ralingues.*

Misaine carrée. — Même règle de confection que pour la grand'voile.

Perroquets, page 269.

Tablier. — *Renforts de fond.* — *Renforts d'envergure.* — *Triangle de chapeau.* — *Renforts de côté.* — *Patte d'envergure.* — *Pattes de boulines.* — *Œillets de fond.* — *Œillets d'envergure.*

Cacatois, page 270.

Doublage de fond et d'envergure. — *Triangle de chapeau.* — *Doublage de points d'écoute.* — *Patte d'envergure et de boulines.* — *Œillets d'envergure.*

Voiles de bonnettes, page 271.

Renforts et placement des ris.

Brigantines et voiles goëlettes, page 274.

Doublage d'envergure, de mât, d'écoute. — Renforts d'empointure de ris. — OEillets d'envergure et de ris. — Bonnette maillée.

Focs, page 282.

Doublages. — OEillets d'envergure. — Pattes de cargues. — Pose de la ralingue d'envergure du foc courbe.

Voiles latines de la Méditerranée, page 284.

Tableaux indiquant les numéros des toiles, gaînes et ralingues pour voiles des bâtiments à traits carrés, pages 287 et 288.

Tableau indiquant les cosses à employer pour points d'écoute, empointures de ris et autres voiles majeures, page 289.

Examen comparatif des anciens détails de confection et des nouveaux, page 291.

Historique intéressant, surtout pour les marins des ports de commerce.

* * *

LIVRE IV.

MESURE DES VOILES ET PLANS DE VOILURE.

Si dans les arsenaux, où un règlement fixe la grandeur et la forme de presque toutes les voiles, les mesures sont indispensables, pour le commerce elles sont aussi de toute nécessité. C'est une partie importante de l'art du voilier que de savoir arrêter soi-même les dimensions des voiles, soit en prenant les mesures à bord, soit en les déduisant de celles des mâts et vergues du bâtiment.

Ces deux manières de déterminer les voiles font le sujet des deux premiers chapitres; un troisième donne la manière de tracer un plan de voilure; un quatrième les règles à suivre pour calculer la surface des voiles et le centre d'effort : le tout par des calculs et tracés simples et faciles à saisir à première vüe.

LIVRE V.

DE LA VOILURE DES EMBARCATIONS.

Nous espérons que ce petit Traité sera apprécié par les marins, surtout par les jeunes officiers qu'un goût naturel porte à s'occuper des embarcations. Genres divers de voilures, formes à choisir suivant l'espèce de l'embarcation ou le service auquel elle est affectée, voilures de fantaisie, tracé des plans, coupe matérielle de la voile, tout est réuni dans ce petit Traité, que nous résumons ici en quelques lignes et où bien des marins trouveront d'utiles renseignements.

CHAPITRE PREMIER.

1° Considérations relatives à la forme du canot, page 360.

Du poids.—Du chargement.—De l'espèce de voilure adoptée. — Position du centre de voilure.

Principaux genres de voilure applicables aux embarcations, page 364.

Goëlette, pilot-boat ou bermudien. — Cotre ou cutter. — Lougre ou chasse-marée. — Voile latine de chebec. — Voile latine de tartane. — Voiles de houari. — Yoles d'une seule voile. — Yoles à deux voiles ou Plougastel. — Rafiau toulonnais.

2° Confection des voiles de canot, page 376.

CHAPITRE II.

Marche à suivre pour voiler une embarcation, page 382.

Tracé d'une voilure réglementaire. — Tracé d'une voilure **non** *réglementaire.*

––––––

LIVRE VI.

RÉPARATION ET TRANSFORMATION DES VOILES.

C'est là une branche importante de l'art du voilier, et qu'il ne faut pas négliger plus que les autres, si l'on songe à la fréquence des avaries, et aux quantités de bonnes voiles qui rentrent dans les magasins quand un bâtiment est désarmé et qui plus tard sont appropriées à d'autres navires. Un premier chapitre donne ce qui a trait aux réparations et retouches simples, c'est-à-dire aux travaux qui ne changent pas la forme primitive de la voile. Un second chapitre contient les grandes retouches et transformations.

Il est des cas où, à la mer, un capitaine trouve l'occasion de faire retoucher ou remplacer une voile par une autre voile de dimensions différentes.

CHAPITRE PREMIER.
Retouches légères.

1° Voiles carrées, page 400.

Avaries légères. — Voiles fatiguées dans les coutures. — Voiles dont certaines parties sont à changer. — Voile trop longue de chute. — Voile ayant trop d'envergure ou de bordure.

2° Voiles latines, page 406.

Voile fatiguée sur les côtés. — Voile dont certaines parties sont enlevées. — Voile à retoucher dans la forme.

3° **Voiles auriques,** page 410.

*Voile fatiguée et dont les coutures commencent à s'ouvrir.
— Voile dont certaines parties sont enlevées. — Voile ayant
besoin de retouches légères. — Voile devenue trop grande
par l'allongement de ses toiles. — Voile qui creuse à la
chute arrière.*

CHAPITRE II.

Des transformations et grandes retouches.

Voiles carrées, page 418.

*Allonger la chute seule. — Augmenter l'envergure et la bor-
dure ensemble. — Augmenter l'envergure seule. — Augmenter la bordure seule.*

Voiles latines, page 422.

*Tirer un foc plus petit d'un plus grand. — Augmenter un
foc dans tous les sens. — Utiliser la surface d'un foc par
la construction d'un autre foc de forme différente.*

Voiles auriques, page 481.

*Augmenter à la fois la bordure et l'envergure par quatre
moyens. — Augmenter le mât, l'envergure et la bordure.
— Augmenter la bordure seule. — Augmenter l'envergure
seule. — Augmenter le mât seul. — Augmenter une des
diagonales.*

Vocabulaire, page 443.

Il contient les termes et expressions nautiques les plus usités
en voilerie et est destiné à ceux qu'un mot technique inconnu
pourrait arrêter. Il traite en particulier ce qui suit :

Voile à antenne, page 443.
Banc de traction (*), page 446.

(*) Ce banc rend d'excellents services : il sert aux voiliers pour
placer les cosses dans la toile, et fut imaginé en 1854 par le nommé
Plomelle, contre-maître voilier au port de Cherbourg.

Voilure des bateaux de pêche des côtes de Bretagne, page 447.
Coupe-laize, page 455.
Hale-au-vent (voile sous-marine), page 466.
Manche à vent à double effet, page 470.

Observations sur les toiles à voiles et ralingues, page 483.

Des ralingues. — Des fils. — Du tissage. — Résistance aux déformations. — De la souplesse. — Force. — Durée. Légèreté. — Économie. — Croisement des coutures. — Examen des voiles défoncées. — Rapports à établir entre chaîne et trame. — Toiles de lin comparées aux toiles de chanvre. — Toiles à fils de chaînes multiples. — Conclusions d'ensemble sur les toiles. — Poids et valeurs (approximatifs) des voilures et objets de voilerie.

Nous croyons pouvoir affirmer que ce *Manuel* aura pour les marins un intérêt, nous dirions presque une importance véritable. Les voiliers s'en serviront tous les jours. Les capitaines du commerce et les armateurs y apprendront certains secrets de science pratique et d'économie qui rendront, nous l'espérons, le *Manuel du Voilier* aussi populaire sur les quais de Marseille, de Toulon, du Havre, de Bordeaux, de Nantes, de Saint-Nazaire et de Brest (*), et à l'étranger, où il est déjà connu, que sur les navires et dans l'intérieur des arsenaux.

(*) Un port de commerce a été décrété à Brest le 24 août 1859, dans la rade la plus vaste et la plus belle de l'Europe, et dont l'entrée est facile en tout temps et à toute heure.

APPENDICE.

NOTIONS D'ARITHMÉTIQUE [*]

QUI PRÉCÈDENT LE COURS DE VOILERIE [**].

PREMIÈRE LEÇON.

DEMANDE. **Qu'est-ce que le calcul?**

RÉPONSE. C'est l'art de faire des opérations sur les nombres.

DEMANDE. **Qu'est-ce qu'un nombre?**

RÉPONSE. C'est un assemblage d'unités, tel que 10, 20, 30, 40, 50, etc.

DEMANDE. **Qu'est-ce que l'unité?**

RÉPONSE. C'est une quantité prise isolément, et servant de terme de comparaison à toutes les quantités de même nature.

EXEMPLE. . 1 *mètre*, 1 *franc*, 1 *litre*.

---

[*] Extraites en partie de *l'Instruction élémentaire* de M. Jules Radu, fondateur de l'Œuvre des bibliothèques communales.

[**] Créé au port de Brest « en vue de faciliter pour l'avenir un bon recrutement de maîtres voiliers nécessaires *à la flotte et aux arsenaux.* » (Dépêche ministérielle du 11 août 1854.)

On appelle en général *quantité* tout ce qui est susceptible d'augmentation ou de diminution.

EXEMPLE.   *Le poids, la durée, l'étendue.*

DEMANDE. **Qu'est-ce que la numération?**

RÉPONSE. La *numération* est l'art de représenter tous les nombres possibles. On se sert pour *calculer* de dix figures qu'on appelle *chiffres.*

EXEMPLE.

1   2   3   4   5   6   7   8   9   0
un deux trois quatre cinq six sept huit neuf zéro.

Le zéro n'est rien par lui-même; placé à la droite d'un chiffre, il en décuple la valeur.

EXEMPLE.   1,10; 2,20; 3,30; 4,40.

Pour représenter tous les nombres possibles, on est convenu que chaque chiffre décuplerait sa valeur en allant de droite à gauche, et deviendrait dix fois plus petit en allant de gauche à droite.

EXEMPLE. Dans le nombre 123 francs, le chiffre 2 de la deuxième colonne, en comptant de droite à gauche, a dix fois la valeur qu'il aurait s'il se trouvait dans la première; le chiffre 1 de la troisième colonne a une valeur dix fois plus grande que celle qu'il aurait s'il était dans la deuxième colonne; en d'autres termes :

3   la première colonne est réservée aux *unités,*

2   la deuxième colonne est réservée aux *dizaines,*

1   la troisième colonne est réservée aux *centaines.*

Après les *unités,* les *dizaines* et les *centaines*

viennent les *mille, dizaines de mille, centaines de mille, millions, dizaines de millions, centaines de millions, milliards, dizaines de milliards, centaines de milliards.*

DEMANDE. **Comment exprime-t-on en chiffres le nombre** *cent cinquante-deux* **milliards** *cent trente-huit* **millions** *cinq cent vingt-cinq* **mille** *trois cent quarante-cinq* **unités?**

RÉPONSE. Il sera représenté ainsi :

152,	138,	525,	345.
milliards	*millions*	*mille*	*unités.*

Je conclus de là que quand il s'agit d'exprimer un nombre quelconque de plus de trois chiffres, il faut séparer chaque tranche de trois chiffres par une virgule, en comptant de droite à gauche. Le dernier groupe à droite d'un nombre est le seul qui peut n'avoir qu'un ou deux chiffres.

EXEMPLE.   1,138,525,345   15,138,195,345.

DEMANDE. **Combien y a-t-il de différentes sortes de nombres?**

RÉPONSE. Les nombres sont de trois sortes :

Les nombres entiers, les fractions et les nombres fractionnaires.

Les nombres entiers désignent les unités entières.

EXEMPLE.   40 francs, 56 mètres.

Les fractions désignent des parties d'unité.

EXEMPLE.   80 centimes, $\frac{1}{2}$ mètre.

Les nombres fractionnaires sont formés d'entiers et de parties d'entier.

EXEMPLE.   24 francs 50 centimes, 19 mètres $\frac{1}{2}$.

DEMANDE. **N'y a-t-il pas une autre manière de désigner les nombres?**

RÉPONSE. On appelle nombre *concret* celui que l'on énonce en désignant l'espèce d'unité qu'il représente.

EXEMPLE.   10 francs, 16 mètres.

Le nombre *abstrait* est celui que l'on énonce sans désigner l'espèce d'unité qu'il représente.

EXEMPLE.   16, 20.

Le nombre *complexe* est celui qui renferme à la fois une unité principale et plusieurs subdivisions de cette unité principale.

EXEMPLE. 4 toises, 6 pieds, 5 pouces, 11 lignes.

Le nombre *incomplexe* est celui qui ne renferme que des subdivisions de l'unité principale.

EXEMPLE.   6 pieds, 5 pouces, 11 lignes.

Le nombre *décimal* est celui dont les parties sont de dix en dix fois plus petites les unes que les autres.

EXEMPLE.   10^m,456.

DEUXIÈME LEÇON.

DEMANDE. **Qu'est-ce que l'addition?**

RÉPONSE. L'*addition* est une opération par laquelle on ajoute plusieurs nombres les uns aux autres pour en former un seul nommé *total*.

EXEMPLE. Un marchand vend trois pièces de toile : la première contient 28 mètres; la seconde 42 mètres, la troisième 28 mètres. Combien a-t-il vendu de mètres?

Opération.

$$
\begin{array}{r}
28^m,00 \\
42^m,00 \\
28^m,00 \\
\hline
98^m,00
\end{array}
$$

Je trouve que le marchand a vendu 98 mètres de toile.

DEMANDE. Qu'est-ce que la soustraction?

RÉPONSE. C'est une opération par laquelle on retranche un nombre d'un autre nombre plus grand; le résultat obtenu est appelé *reste, excès* ou *différence.*

Pour faire cette opération, j'écris le nombre à retrancher au-*dessous* de l'autre, de la même manière que dans l'addition; je tire un trait au-dessous, et je retranche, en allant de droite à gauche, chaque chiffre inférieur de son correspondant supérieur, c'est-à-dire les unités des unités, les dizaines des dizaines, etc.; j'écris chaque reste au-dessous des chiffres dont il provient, dans l'ordre susindiqué, et zéro s'il ne reste rien.

EXEMPLE. Deux hommes ont réuni une somme de 2,456 francs; le premier a donné 1,134 francs. Quelle est la mise du second?

Opération.

$$
\begin{array}{r}
2,456^{fr},00 \\
1,134^{fr},00 \\
\hline
1,322^{fr},00
\end{array}
$$

Cette mise a été de 1,322 francs.

DEMANDE. **Qu'est-ce que la multiplication?**

RÉPONSE. La *multiplication* n'est autre chose qu'une addition abrégée. Multiplier un nombre par un autre, c'est répéter le premier autant de fois qu'il y a d'unités dans le second.

Le premier nombre est appelé *multiplicande* (à multiplier);

Le deuxième nombre est appelé *multiplicateur* (qui multiplie);

Le résultat de l'opération est appelé *produit*.

EXEMPLE. Vous avez acheté 165 hectolitres de vin, à 9 francs l'hectolitre; vous désirez connaître la somme que vous devez.

Le nombre à multiplier est....	165
Celui qui multiplie..........	9
Produit.....	1,485 francs.

En effet, 9 fois 5 font 45, je pose 5 et je retiens 4; 9 fois 6 font 54 et 4 retenus font 58, je pose 8 et je retiens 5; 9 fois 1 font 9 et 5 retenus font 14, je pose 4 et j'avance 1 : j'ai ainsi 1,485 francs.

Dès que l'on a une connaissance parfaite de la table de multiplication (*), on peut multiplier tous les nombres, quels qu'ils soient.

DEMANDE. **Qu'est-ce que la division?**

RÉPONSE. La *division* est une soustraction abrégée. Diviser un nombre par un autre, c'est chercher un

_____

(*) Voir à la fin de ce traité.

troisième nombre qui exprime combien de fois le plus petit est contenu dans le plus grand.

Le premier nombre est nommé *dividende* (qui est à diviser);

Le second nombre est nommé *diviseur* (qui divise);

Le résultat de l'opération est nommé *quotient*.

Partager une somme de 24 francs entre 6 personnes, c'est chercher combien il y a de fois 6 en 24; la table de multiplication donnera le *quotient* 4, qui se pose sous le diviseur. Pour diviser les sommes qui n'excé- deraient pas 81 par un nombre composé d'un seul chiffre, la table de multiplication suffirait; mais les *dividendes* et les *diviseurs* qui dépassent ce nombre nécessitent des règles particulières.

EXEMPLE. Partager la somme de 8,625 francs entre 25 personnes.

S'il y a deux chiffres au *diviseur*, je prends un nombre égal à gauche du *dividende* (*), de manière que ce dernier nombre contienne au moins une fois le diviseur.

Opération.

```
Dividende......   8625  | 25.... Diviseur.
                   75    | 345... Quotient.
                  ────
                  112
                  100
                  ────
                  125
                  125
                  ────
                  000
```

(*) Si les chiffres du dividende sont moindres que le diviseur, j'en prends un de plus.

En 86, combien de fois 25? Le chiffre qui répond à cette question est 3 ; je le pose au *quotient ;* mais 86 ne renferme pas exactement trois fois le nombre 25 : il y a un excédant. Pour retrancher cet excédant, je multiplie le diviseur par 3, premier chiffre du *quotient ;* le produit est 75, que je pose sous les deux chiffres du dividende. Je tire une barre et fais la *soustraction ;* la différence est de 11 : auprès de ce reste j'abaisse le chiffre 2. Je forme ainsi le nombre 112 ; je cherche combien de fois ce nombre 112 renferme 25 ; je trouve 4, que je pose au *quotient,* à côté du 3 ; je multiplie 4 par 25, je place le produit 100 sous le nombre 112 du dividende, je fais la soustraction : il reste 12. Le dernier chiffre 5 du dividende, placé à côté du nombre 12, donne 125. Je cherche le chiffre qui exprime combien de fois 125 renferme 25, je trouve 5 que je pose au quotient ; je multiplie le diviseur par 5, j'écris le produit 125 sous les derniers chiffres du dividende, et je fais la soustraction : la différence sera zéro. N'ayant plus de chiffres à abaisser, l'opération est terminée. La part de chaque personne sera juste de 345 francs.

DEMANDE. **Comment faites-vous la preuve des quatre règles que vous venez de démontrer ?**

RÉPONSE. La *preuve de l'addition* se fait par une seconde *addition ;* en négligeant le premier nombre, puis retranchant le nouveau total du premier, la différence devra être égale au nombre négligé.

La *preuve de la soustraction* se fait par une *addition ;* en additionnant le plus petit nombre avec la différence obtenue par la soustraction, on doit trouver un nombre égal au grand.

La *preuve de la multiplication* se fait en divisant le *produit* par le *multiplicateur;* le quotient doit être le *multiplicande.*

La *preuve de la division* se fait en multipliant le *quotient* par le *diviseur;* le produit de l'opération doit être égal au *dividende.*

TROISIÈME LEÇON.

DES FRACTIONS.

DEMANDE. Qu'entendez-vous par fractions ordinaires ?

RÉPONSE. Une fraction ordinaire se compose toujours de deux termes.

EXEMPLE. $\frac{1}{2}, \frac{1}{3}, \frac{1}{4}.$

Le terme supérieur s'appelle *numérateur*, le terme inférieur *dénominateur.* Le premier exprime combien la fraction contient de parties d'unité; le deuxième, en combien de parties l'unité a été partagée. Dans la fraction $\frac{1}{2}$, 1 indique que la fraction ne contient qu'une partie d'unité; 2 indique que l'unité a été partagée en deux parties.

DEMANDE. Citez-nous une des propriétés les plus remarquables des fractions ?

RÉPONSE. C'est qu'on n'en change pas la valeur en *multipliant* ou en *divisant* les deux termes par un même nombre : ainsi la fraction $\frac{1}{2}$ égale la fraction $\frac{2}{4}$

et réciproquement. Cette propriété est la base de la réduction des fractions au même dénominateur, et de leur réduction à leur plus simple expression.

Demande. Comment réduisez-vous deux fractions au même dénominateur ?

Réponse. Pour réduire deux fractions au même dénominateur, par exemple $\frac{1}{2}$ et $\frac{1}{3}$, *il faut multiplier les deux termes de la première par le dénominateur de la seconde :* 3 fois 1 font 3, et 3 fois 2 font 6 ; *ensuite, les deux termes de la deuxième par le dénominateur de la première :* 2 fois 1 font 2, et 2 fois 3 font 6. Ce qui donne les deux fractions $\frac{3}{6}$ et $\frac{2}{6}$ égales à $\frac{1}{2}$ et $\frac{1}{3}$.

Demande. Comment faites-vous pour réduire plus de deux fractions au même dénominateur ?

Réponse. Pour réduire *plus* de deux fractions au même dénominateur, *il faut multiplier les deux termes de chaque fraction par le produit de tous les autres dénominateurs.* Par exemple, pour réduire au même dénominateur les fractions $\frac{1}{2}$, $\frac{2}{3}$, $\frac{3}{4}$, je multiplie les deux termes de la première par 12, produit de 3 et de 4 ; les deux termes de la seconde par 8, produit de 2 et de 4 ; enfin les deux termes de la troisième par 6, produit de 2 et de 3. Ce qui donne $\frac{12}{24}$, $\frac{16}{24}$, $\frac{18}{24}$, fractions égales à $\frac{1}{2}$, $\frac{2}{3}$, $\frac{3}{4}$.

Demande. Comment réduisez-vous les fractions à leur plus simple expression ?

Réponse. Cette opération se fait en divisant les deux termes par un même nombre, quel qu'il soit, jusqu'à ce qu'ils ne puissent plus se diviser : c'est ce qu'on appelle la plus simple expression. La fraction $\frac{14}{24}$, divisée de cette manière, donne successivement pour fractions équivalentes $\frac{9}{12}$ et ensuite $\frac{3}{4}$; celle-ci est la plus simple expression de la fraction $\frac{14}{24}$.

DEMANDE. Quels sont les signes en usage employés dans les opérations des fractions ?

RÉPONSE. $+$ signifie *plus ;* $\times$ *multiplié par ;* $-$ *moins ;* : *divisé par ;* $=$ *égal.*

DEMANDE. Effectuez-nous les quatre opérations de fractions ordinaires : addition, soustraction, multiplication et division.

RÉPONSE. **Addition.** — *Il faut d'abord réduire les fractions au même dénominateur,* puis additionner les numérateurs seulement; enfin réduire le total à sa plus simple expression.

EXEMPLE.

$$\frac{1}{2} + \frac{1}{4} = \frac{4}{8} + \frac{2}{8} = \frac{6}{8} = \frac{3}{4},$$

$$\frac{1}{3} + \frac{1}{4} + \frac{1}{2} = \frac{8}{24} + \frac{6}{24} + \frac{12}{24} = \frac{26}{24} = 1 + \frac{2}{24} \text{ ou } \frac{1}{12}.$$

Soustraction. — Je réduis les deux fractions au même dénominateur, puis je retranche le numérateur de la plus petite de celui de la plus grande; enfin je simplifie le reste.

EXEMPLE. $\quad \frac{1}{2} - \frac{1}{3} = \frac{3}{6} - \frac{2}{6} = \frac{1}{6}.$

Multiplication. — Je multiplie les numérateurs entre eux et les dénominateurs entre eux, puis je simplifie le résultat.

EXEMPLE. $\quad \frac{3}{4} \times \frac{1}{3} = \frac{3}{12} = \frac{1}{4}.$

Division. — Je multiplie le numérateur de la première par le dénominateur de la deuxième, et le numérateur de la deuxième par le dénominateur de la première, et je donne le deuxième nombre ainsi obtenu pour dénominateur au premier.

EXEMPLE. $\frac{5}{8} : \frac{1}{2} = \frac{10}{8} = 1 + \frac{2}{8}$ ou $\frac{1}{4}$.

20. DEMANDE. **Qu'entendez-vous par fractions décimales?**

RÉPONSE. Ce sont celles qui ont pour dénominateur l'unité suivie d'un ou de plusieurs zéros; ainsi : $\frac{3}{10}$, $\frac{27}{100}$, $\frac{2057}{1000}$ sont des fractions décimales.

On peut étendre à ces fractions l'un des principes fondamentaux de la numération et les écrire sous forme entière en supprimant les dénominateurs, pourvu que la place des unités soit indiquée. Ainsi, le nombre $17 + \frac{3}{10}$ peut s'écrire $17,3$, la virgule placée à la droite des unités séparant suffisamment les 3 dixièmes de la partie entière. De même, au lieu de $125 + \frac{27}{100}$, on écrira $125,27$; au lieu de $\frac{2057}{1000}$, on écrira $2,957$.

Lorsque la partie entière vient à manquer, on la remplace par un zéro; on remplace aussi par des zéros les différents ordres qui pourraient manquer à droite de la virgule. On aura donc $\frac{295}{1000} = 0,295$, $\frac{38}{10000} = 0,0038$, $\frac{2}{100000} = 0,00002$.

21. DEMANDE. **Les nombres décimaux changent-ils de valeur en ajoutant ou en retranchant un nombre de zéros à leur droite? et dites-nous ce qui est relatif aux entiers et aux fractions, dans les quatre opérations sur les nombres décimaux?**

RÉPONSE. Selon que l'on *avance* vers la *droite* ou

que l'on *recule* vers la *gauche*, d'un, de deux, de trois zéros, la virgule qui marque la place des unités *multiplie* ou *divise* par 10, par 100, par 1000 le nombre proposé.

Les règles des quatre opérations sur les nombres décimaux se déduisent, sans difficulté, de celles qui sont relatives aux entiers et aux fractions.

L'*addition* et la *soustraction* ne diffèrent pas des mêmes opérations sur les nombres entiers.

La *multiplication* se fait abstraction faite de la virgule ; on sépare ensuite, sur la droite du produit, *autant de chiffres décimaux qu'il y en a dans les facteurs de ce produit.*

Pour effectuer la *division*, si le *dividende* renferme *moins* de chiffres décimaux que le diviseur, on ajoute à la droite du premier un nombre de zéros suffisant, et, supprimant ensuite la virgule, on opère comme sur les nombres entiers. Si le *dividende* a *plus* de chiffres décimaux que le diviseur, on supprime encore la virgule, et, sur la droite du quotient, on sépare un nombre de chiffres décimaux égal à la différence entre les nombres de chiffres décimaux du *dividende* et ceux du *diviseur*.

———

QUATRIÈME LEÇON.

DES PROPORTIONS.

DEMANDE. **Qu'entendez-vous par proportion?**
RÉPONSE. Une proportion est l'égalité de deux rap-

ports. Il y a deux sortes de proportions : 1° la proportion arithmétique; 2° la proportion géométrique.

1° Une **proportion arithmétique** est l'expression de l'égalité de deux rapports arithmétiques.

Un rapport arithmétique est la **différence** de deux nombres; on l'indique par un point (.) que l'on énonce *est à;* ainsi 10.7 s'énonce 10 *est à* 7. La valeur du rapport est 3; et, comme la valeur du rapport 12.9 est aussi 3, ces deux rapports égaux forment une proportion arithmétique. L'égalité de deux rapports s'indique par deux points (:) que l'on énonce *comme;* ainsi 10.7:12.9 s'énonce 10 *est à* 7 *comme* 12 *est à* 9. Dans un rapport, il y a deux termes : le premier s'appelle *antécédent* et le second *conséquent.* Dans une proportion, il y en a quatre : le premier et le dernier sont appelés *extrêmes;* le deuxième et le troisième, *moyens.*

La propriété fondamentale des proportions *arithmétiques* est que **la somme des extrêmes est égale à la somme des moyens.** Par exemple, 3, 7, 8, 12 forment une proportion arithmétique, parce que la somme des extrêmes 3 et 12 et celle des moyens 7 et 8 sont également 15. Ce principe serait encore plus clairement démontré si les deux *premiers* termes et les deux *derniers* étaient égaux entre eux, comme dans la proportion 7.7:12.12.

Toute proportion peut être ramenée à cet état, en *ajoutant* ou en *retranchant* de chaque *antécédent* la *différence* qui existe dans la proportion.

$$3 . 7 : 8 . 12$$
$$4 \qquad 4$$
$$\overline{7 . 7 : 12 . 12}$$

— 159 —

Mais si l'antécédent était plus fort que le conséquent, au lieu d'augmenter cet antécédent de la différence qui existe entre lui et son conséquent, il fau-
drait l'en diminuer, ainsi qu'on le voit ci-dessous :

$$15 . 7 : 10 . 2$$
$$8 \qquad 8$$
$$\overline{\quad 7 . 7 : 2 . 2 \quad}$$

On doit conclure de ces exemples qu'en augmentant ou en diminuant les antécédents d'une même
quantité de la différence qui existe entre eux et leurs
conséquents, **la somme des extrêmes reste toujours égale à la somme des moyens.**

2° **Une proportion géométrique** est l'expression de l'égalité de deux rapports géométriques. Le
rapport géométrique de deux quantités n'est autre
chose que le **quotient** de ces deux quantités; on
l'indique par deux points (:) que l'on énonce *est
à :* ainsi 12 : 4 s'énonce 12 est à 4, et la valeur du
rapport est 3, et comme la valeur du rapport 15 : 5
est aussi 3, ces deux rapports égaux forment une proportion géométrique; l'égalité de deux rapports géométriques s'indique par quatre points (::) que l'on
énonce *comme;* ainsi 12 : 4 :: 15 : 5 s'énonce 12
est à 4 comme 15 est à 5.

La propriété fondamentale de la proportion géométrique est que **le produit des extrêmes est égal au
produit des moyens.** Par exemple, 3 : 15 :: 7 : 35
est une proportion géométrique, parce que le produit
de 3 par 35 et celui de 15 par 7 sont également 105.
Ce raisonnement serait plus sensible si les antécédents étaient égaux à leurs conséquents, comme dans

l'exemple 3 : 3 :: 7 : 7. On peut toujours ramener une proportion à cet état, en *multipliant* les deux *conséquents* ou les deux *antécédents* par le rapport. En effet, si dans cette proportion 3 : 15 :: 4 : 20, on multiplie 3 et 4 par 5, on aura

$$15 : 15 :: 20 : 20.$$

Si l'on cherche le quatrième terme d'une proportion géométrique dont les trois premiers seraient 8 : 3 :: 32 : x, on multiplie 3 par 32, ce qui donne 96 à diviser par 8; le quotient 12 est le quatrième terme demandé : on a donc

$$8 : 3 :: 32 : 12;$$

le rapport de cette proportion est $2\frac{2}{3}$.

Si le terme à trouver est un des moyens, il faut multiplier les deux extrêmes et diviser le produit par le moyen connu. Exemple, 6 : x :: 30 : 15. On a 3 pour quotient; aussi on dit : 6 : 3 :: 30 : 15.

CINQUIÈME LEÇON.

RÈGLE DE TROIS. — RÈGLE DE SOCIÉTÉ. — RÈGLE D'ALLIAGE. — RÈGLE D'INTÉRÊT. — DU MÈTRE.

DEMANDE. Quelles sont les particularités qui caractérisent une règle de trois ?

RÉPONSE. Dans une règle de trois, il y a deux espèces de quantités : des *principales* et des *relatives*. Les quantités principales sont deux quantités de même espèce et toutes deux connues; les quantités rela-

tives sont deux quantités aussi de même espèce entre
elles, mais dont l'une est inconnue.

DEMANDE. **Résolvez le problème suivant :**

3oo *mètres de toile ont coûté* 6oo *francs, combien
coûteront* 5i6 *mètres de la même toile ?*

RÉPONSE. Les deux quantités de mètres, 3oo mètres
et 5i6 mètres, sont les principales, et les deux quantités de francs, 6oo francs et l'inconnue, sont relatives; on représente ordinairement cette inconnue par
la lettre x.

Je dis donc : la 1re principale : la 2me principale :: la
1re relative : la 2e relative.

EXEMPLE. $$3oo : 5i6 :: 6oo : x,$$

ou $$x = \frac{6oo \times 5i6}{3oo} = 1,o32.$$

DEMANDE. **Les règles de trois ne se divi-
sent-elles pas d'une autre manière ?**

RÉPONSE. Les règles de trois se divisent en simples
et en composées. Elles sont dites *simples* lorsqu'elles
ne contiennent qu'une seule couple de principales,
comme dans l'exemple ci-dessus; elles sont dites *composées* lorsqu'elles contiennent plusieurs couples.

Une règle de trois simple est directe ou inverse.
Elle est *directe* lorsque les relatives croissent ou dé-
croissent en même temps que les principales; elle
est *inverse* quand le contraire a lieu; ou, ce qui revient
au même, elle est *directe* lorsqu'au *plus* correspond
le *plus;* *inverse* lorsqu'au *plus* correspond le *moins*.

Dans l'exemple ci-dessus, la règle de trois est

directe; car plus il y a de mètres, plus ils coûtent de francs. Mais dans l'exemple suivant : 5o ouvriers ont mis 24 jours pour faire un certain ouvrage, combien 100 ouvriers mettraient-ils de jours pour faire le même ouvrage ? la règle de trois est *inverse : plus* il y a d'ouvriers, *moins* ils mettent de jours.

Pour résoudre une règle de trois inverse, il faut établir cette proportion :

La 2ᵉ principale : la 1ʳᵉ principale :: la 1ʳᵉ relative : la 2ᵉ relative.

EXEMPLE. $100 : 5o :: 24 : x$,

$$x = \frac{24 \times 5o}{100} = 12.$$

DEMANDE. **Comment résout-on une règle de trois composée ?**

RÉPONSE. Une règle de trois composée contient autant de règles de trois simples qu'il y a de couples de quantités principales. Pour résoudre une règle de trois composée, il faut comparer successivement chaque couple de principales au couple de relatives; chaque comparaison donne lieu à une règle de trois simple *directe* ou *inverse* pour laquelle on écrit la **proportion** convenable; ensuite *on multiplie toutes ces proportions entre elles et l'on obtient une finale de laquelle on déduit la valeur de l'inconnue.*

EXEMPLE. 15 ouvriers ont mis 10 jours pour faire 3oo mètres d'ouvrage : combien 12 ouvriers mettront-ils de jours pour faire 192 mètres ?

Il y a deux couples de principales, des *ouvriers* et des *mètres*, une couple de relatives, des *jours :* plus il y a d'ouvriers, moins ils mettront de jours ; donc cette règle de trois est inverse et donne la proportion

$$12 : 15 :: 10 : x.$$

Plus il y a de mètres, plus ils mettront de jours ; celle-ci est directe et donne la proportion

$$300 : 192 :: x : x'.$$

Multipliant terme à terme, on a

$$3,600 : 2,880 :: 10x : xx' ;$$

d'où, en divisant les deux termes du dernier rapport par x,

$$x' = \frac{2,880 \times 10}{3,600} = \frac{28,800}{3,600} = 8 \text{ jours.}$$

DEMANDE. **Qu'est-ce que la règle de société ?**

RÉPONSE. On appelle *règle de société* celle qui sert à partager, entre plusieurs associés, le bénéfice ou la perte résultant de leur société ; ce partage doit être fait proportionnellement aux mises des associés et au temps pendant lequel leur argent est resté dans la société.

EXEMPLE. Trois individus ont acheté un fonds de magasin : le premier y a contribué pour 275 francs ; le second pour 475 francs, et le troisième pour 500 francs ; ils ont eu un bénéfice de 150 francs : on demande quel sera le gain de chacun. On réunit d'abord les mises de fonds des trois personnes, et l'on trouve 1,250 francs. Il faut faire une opération pour chacun des associés. *La somme des mises sera le premier nombre, le bénéfice sera le second, et la mise de fonds de chacun* sera le troisième nombre de chaque opération. Le nombre cherché sera ce qui revient à chacun.

1º $1,250 : 150 :: 275 : x.$

2º $1,250 : 150 :: 475 : x.$

3º $1,250 : 150 :: 500 : x.$

Opérations.

1re $x = \dfrac{150 \times 275}{1,250} = 33$ francs.

2e $x = \dfrac{150 \times 475}{1,250} = 57$ francs.

3e $x = \dfrac{150 \times 500}{1,250} = 60$ francs.

Bénéfice.....   150 francs.

Autre problème.

Un homme, en mourant, a légué 7,500 francs à trois personnes : 3,000 francs à la première; à la seconde 2,625 francs, et à la troisième 1,875 francs; mais à sa mort, après ses dettes payées, il ne s'est trouvé qu'un avoir de 4,500 francs; combien revient-il à chacun? *La somme laissée par le mourant est le premier terme, la somme trouvée est le second, et la somme léguée à chacun le troisième de chaque opération.*

1º $7,500 : 4,500 :: 3,000 : x.$

2º $7,500 : 4,500 :: 2,625 : x.$

3º $7,500 : 4,500 :: 1,875 : x.$

Après avoir opéré comme ci-dessus, on trouvera

que le premier ne devra avoir que 1,800 francs, le second 1,575 francs, et le troisième 1,125 francs.

DEMANDE. **Qu'est-ce que la règle d'alliage?**

RÉPONSE. La règle d'alliage sert à trouver la valeur moyenne de plusieurs sortes de choses dont le nombre et la valeur particulière sont connus.

EXEMPLE. On emploie 200 ouvriers dont 50 ouvriers sont payés 2^f,25 par jour; 70 ouvriers, 1^f,50; 50 ouvriers, 1^f,25, et 30 ouvriers, 1^f,15; à combien chaque ouvrier revient-il par jour, l'un portant l'autre? Pour faire cette opération, on multiplie le nombre de chaque classe d'ouvriers par le prix que chacun reçoit par jour, on fait le total de toutes ces sommes et on divise le total de ces sommes réunies par le nombre d'ouvriers qu'on emploie.

EXEMPLE.

```
50 ouvriers à 2f,25 gagnent 112f,50
70     »     à 1f,25     »    105f,00
50     »     à 1f,25     »     62f,50
30     »     à 1f,15     »     34f,50
                             ─────────   ─────
                             314f,50  │  200
                             114f,50  │  1f,57
                              14f,50
                              00f,50
```

Chaque ouvrier revient, l'un portant l'autre, à 1^f,57 et une fraction de centime.

DEMANDE. **Qu'est-ce qu'une règle d'intérêt?**

RÉPONSE. C'est la règle au moyen de laquelle on connaît le bénéfice que retire de son argent une personne qui le prête. La somme prêtée ou placée s'appelle *capital*.

On nomme *taux* l'intérêt convenu pour une somme de 100 francs placée pendant un an. Quelquefois l'intérêt de 100 francs est fixé pour un temps différent d'un an; mais, à moins d'une mention expresse, on donne au mot *taux* la signification ci-dessus.

Les règles d'intérêt sont de véritables *règles de trois*.

Exemple. On demande la rente que produit un capital de 18,642 francs placé à $4\frac{1}{2}$ pour 100?

Pour un an 18,642 francs rapporteront

$$\frac{4^f,50 \times 18,642^f}{100} \quad \text{ou} \quad x = \frac{4^f,50 \times 18,642^f}{100} = 828^f,89.$$

Ainsi on obtient la rente d'un capital donné en *multipliant le capital par le taux d'intérêt, et divisant le produit par 100.*

Demande. **Qu'est-ce que le mètre?**

Réponse. Le *mètre* est l'unité fondamentale du système des nouveaux poids et mesures, appelé système décimal. Le mètre est la dix-millionième partie du quart du méridien terrestre.

Demande. **Qu'est-ce qu'un kilomètre, un myriamètre?**

Réponse. Ce sont des mesures itinéraires valant : la première 1,000 et la seconde 10,000 mètres. La lieue de poste vaut 3 kilomètres 898 mètres.

Demande. **On voudrait savoir combien de ki-**

lomètres et de myriamètres séparent de
Paris un pays situé à 120 lieues de cette
capitale?

RÉPONSE. Je multiplie le nombre de lieues donné
par la valeur métrique du kilomètre : j'ai le nombre
de kilomètres, que je divise ensuite par 10 pour avoir
la quantité de myriamètres ou le nombre de fois
10,000 mètres que contient cette distance.

DEMANDE. **On vous donne une somme de
300 francs pour faire 375 lieues. Combien
vous donne-t-on par myriamètre?**

RÉPONSE. Je convertis d'abord les 375 lieues en kilomètres et myriamètres, et j'emploie le nombre de
myriamètres comme diviseur de la somme proposée.

EXEMPLE.

$$375 \times 3,898 = \frac{1461^k,175}{10} = 146,175.$$

Je divise ensuite 300 francs par 146,175 et j'ai pour
résultat 2^f,06 par myriamètre.

DEMANDE. **Quelle est la valeur de la toise et
quel rapport cette mesure a-t-elle avec le
mètre?**

RÉPONSE. La toise vaut 6 pieds, équivalant à 1^m,94904
ou 1^m,95. 1000 toises valent 1^k,949.

DEMANDE. **Combien le pied, le pouce, la ligne**
(mesures anciennes) **mesurent-ils de fractions
de mètre?**

RÉPONSE. Le pied vaut 0^m,32484, le pouce 0^m,02707,
la ligne 0^m,002256 ou $\frac{1}{12}$ de pouce.

DEMANDE. **Comment convertirez-vous un nombre de pieds en mètres?**

RÉPONSE. Je multiplie le nombre proposé par $0^m,32484$, valeur métrique du pied.

DEMANDE. **Convertissez 30 pieds 6 pouces 10 lignes en mètres et fractions de mètre.**

RÉPONSE.

$$30^P \times 0^m,32484 = 9^m,852$$
$$6^P \times 0^m,02707 = 0^m,142$$
$$10^l \times 0^m,002256 = 0^m,022$$

$$\overline{\text{Total...} \quad 10^m,026}$$

Ainsi, 30 pieds 6 pouces 10 lignes valent $10^m,026$ à quelques millimètres près négligés.

Le pied anglais s'appelle *yard* et vaut 3 décimètres $\frac{47}{1000}$ ou $0^m,3047$.

SIXIÈME LEÇON.

DE LA RACINE CARRÉE ET DES PROGRESSIONS.

DEMANDE. **Qu'entendez-vous par carré d'un nombre?**

RÉPONSE. C'est la deuxième puissance d'un nombre ou le produit de ce nombre par lui-même.

EXEMPLE. Le carré de 6 est $6 \times 6 = 36$.

Un carré s'indique ainsi 6^2 : ce chiffre 2 supérieur s'appelle *exposant*.

La racine carrée d'un nombre est le nombre qui, élevé au carré, reproduit le nombre proposé.

EXEMPLE. La racine de 36 est 6, celle de $\frac{9}{16}$ est de $\frac{3}{4}$. Une racine carrée s'indique par ce signe : $\sqrt{}$ et s'appelle *radical*.

DEMANDE. **Qu'appelez-vous carré parfait?**

RÉPONSE. Tout nombre qui est le carré d'un nombre entier ou d'un nombre fractionnaire.

Les carrés des neuf premiers nombres sont :

1, 4, 9, 16, 25, 36, 49, 64, 81.

DEMANDE. **Comment extrait-on la racine carrée d'un nombre supérieur au carré des neuf premiers que vous venez d'exprimer? Soit, par exemple, la racine carrée du nombre** 425752?

RÉPONSE. Je sépare en tranches de deux chiffres la somme 42,57,52,

$$
\begin{array}{c|l}
42,57,52 & 652 \\
36 & \overline{} \\ \hline
065,7 & 12 \quad 5 \times 5 \\
625 & 130 \quad 2 \times 2 \\
0325,2 & \\ \hline
2604 & \\ \hline
0648 &
\end{array}
$$

et je cherche le carré contenu dans la première tranche à gauche. Il est de 36 dont la racine est 6, je pose 6 à la racine et 36 sous 42; je fais la soustraction, et auprès du reste 6 j'abaisse la tranche suivante 57; je sépare le premier chiffre, je double la racine qui me donne 12, je cherche ensuite combien

8

de fois 12 est contenu dans 65, j'essaye le chiffre 5, que j'écris ainsi 5 × 5, près du double de la racine. Je multiplie par 125, je porte le produit 625 sous 657, je fais la soustraction: j'ai pour reste 32; auprès de ce nombre j'abaisse la troisième tranche 52, en séparant le dernier chiffre. Le chiffre 5 étant *bon*, je le porte à la racine qui devient 65; je double cette racine, j'obtiens 130, et je cherche combien de fois 130 est contenu dans 327. J'essaye le chiffre 2, que je multiplie par 1302, je place le produit 2604 sous 3252, je fais la soustraction; j'ai pour reste 648. J'admets alors le chiffre 2, et je le porte à la racine, d'où je conclus que la racine de 425752 est de 652, sauf un reste négligé.

Demande. Comment faites-vous pour obtenir une racine carrée par approximation?

Réponse. On ajoute à la droite du nombre dont on cherche la racine une virgule, puis autant de tranches de deux zéros que l'on veut avoir de décimales. On opère ensuite comme précédemment.

A côté du dernier reste des unités on abaisse la première tranche de deux zéros, et l'on trouve ainsi la première décimale de la racine.

S'il y a un reste, on abaisse à côté de ce reste une seconde tranche de deux zéros et l'on trouve une seconde décimale.

On continue cette opération tant qu'il y a des restes et en raison de l'approximation qu'on veut atteindre.

Demande. Comment forme-t-on le carré d'une fraction?

Réponse. En élevant le *numérateur* et le *dénominateur* au carré.

Exemple.

$$\frac{5^2}{7^2} = \frac{25}{49} \quad \text{ou} \quad \frac{5}{7} \times \frac{5}{7} = \frac{5^2}{7^2}.$$

Demande. **Qu'entendez-vous par ces mots : progression, terme et raison?**

Réponse. On entend par *progression* une série de nombres qui se suivent en augmentant ou diminuant progressivement et régulièrement, et par *termes* les nombres qui forment la progession.

On appelle *raison* la loi qui fixe l'accroissement ou la diminution continue d'un terme au terme suivant.

Le voilier fait un grand usage des progressions : elles lui servent à déterminer les coupes des côtés courbes et des mous des voiles auriques. Dans certains cas, on a besoin de progressions régulières; dans certains autres, de progressions à raison variable; quelquefois enfin les progressions sont d'abord croissantes, décroissantes ensuite, mais toujours avec régularité.

Demande. **Combien y a-t-il d'espèces de progressions?**

Réponse. Il y en a deux : 1º les progressions *arithmétiques* ou par différence : ce sont celles où la raison, c'est-à-dire le rapport d'un terme à un autre, est arithmétique; on les désigne en séparant leurs termes par un point ou par une virgule; 2º les progressions *géométriques*, dans lesquelles la raison, c'est-à-dire le rapport d'un terme à un autre, est géométrique; on les indique en séparant leurs termes par deux points.

Les voiliers font rarement usage des progressions géométriques; aussi doit-il être entendu pour nous que le mot *progression*, employé seul, veut toujours dire une progression arithmétique.

Une progression est dite *croissante* quand les termes vont en augmentant, et *décroissante* dans le cas contraire; c'est là une différence d'appellation et non d'espèce, car une progression croissante retournée devient *décroissante*, et réciproquement; mais les progressions se divisent vraiment en espèces, quand on les considère par rapport à leur raison, qui peut être *constante* ou *variable*.

Dans la progression *à raison constante*, qu'on appelle aussi *régulière*, chaque terme est égal au précédent augmenté de la raison, et il suit de là que **la somme des termes est égale à la moitié du produit de leur nombre par la somme du premier et du dernier.**

Ainsi la série naturelle des nombres

$$1, 2, 3, 4, 5, 6, 7, 8, \text{etc.,}$$

forme une progression naturelle croissante, et il est aisé de voir que la somme des six premiers termes, par exemple, est $\dfrac{6 \times (6 + 1)}{2} = 21$, c'est-à-dire que le sixième terme multiplié par lui-même, plus le premier terme, donne pour produit 42, qui, étant divisé par 2, réalise la série des nombres de 1 à 6 (en effet, $1 + 2 + 3 + 4 + 5 + 6 = 21$); que la somme des huit premiers termes est $\dfrac{8(8 + 1)}{2} = 36$, et ainsi de suite pour telle somme que l'on voudra.

Les nombres suivants forment une autre progression croissante :

$$7, 9, 11, 13, 15, 17, 19, 21, \text{ etc.}$$

De même, la somme des trois premiers termes est $\dfrac{3 \times (7 + 11)}{2} = 27$; celle des six premiers est $\dfrac{6 \times (7 + 17)}{2} = 72$; et ainsi de suite pour telle quantité que l'on voudra.

Les mêmes nombres retournés

$$8, 7, 6, 5, 4, 3, 2, 1,$$

$$21, 19, 17, 15, 13, 11, 9, 7, \text{ etc.}$$

forment des progressions régulières décroissantes, et il est bien évident qu'en retournant ces nombres leurs sommes n'auraient point changé, de sorte que la règle est la même et s'applique dans tous les cas. Les progressions à *raison constante* sont les seules qu'on puisse indiquer en *séparant les termes par un point*.

Dans la progression **à raison variable,** *chaque terme est égal au précédent augmenté ou diminué,* **non d'une quantité fixe,** mais de quantités **qui sont elles-mêmes progressives.** Suivant que ces quantités variables sont croissantes ou décroissantes, la progression est dite **à raison croissante** ou **à raison décroissante.** Ainsi, pour former une progression **à raison variable,** *il faut d'abord former la progression qui en donne la raison.* Cette progression première, qui sert de raison à celle qu'on cherche, peut d'ailleurs être régulière ou variable, suivant la loi que les circonstances font préférer.

DEMANDE. **Définissez complétement les pro-**

gressions et, afin d'être plus clair, donnez-nous des exemples.

Réponse. Je veux faire une progression à raison croissante; je commence par en déterminer la raison, qui sera elle-même une progression, et je choisis pour cela celle des nombres 1, 2, 3, 4, etc.

Cela fait, je choisis le premier terme de la progression que je veux former. Supposons que je prenne 6. Le second terme sera égal au premier 6, plus 1; il sera donc $7 = 6 + 1$.

Le troisième sera égal au second 7, plus 2; il sera donc $9 = 7 + 2$.

Le quatrième sera égal au troisième 9, plus 3; il sera donc $12 = 9 + 3$; et ainsi de suite, de sorte que ma progression sera la suivante :

$$6, 9, 12, 16, 21, 27, \text{etc.},$$

où *les termes croissent progressivement, régulièrement* (car les différences sont les termes de la progression 1, 2, 3, 4, etc.), et *plus rapidement que si la raison était constante.*

Ainsi, à en juger par ce premier exemple, la raison variable a pour but d'*accélérer le mouvement progressif.*

46. Demande. **Comment s'y prend-on pour former une progression de voilerie?**

Réponse. Supposons qu'on veuille former une progression régulière de huit termes, dont la somme soit 42. Je cherche d'abord un type : ce sera par exemple la série naturelle des nombres 1, 2, 3, 4, etc., dont je prends les huits premiers termes.

Il est entendu que ce premier choix vient de ce que la graduation de ces termes 1, 2, 3, 4, etc., me paraît satisfaisante pour l'usage auquel je destine ma progression. Si donc la somme des huit premiers nombres était 42, leur progression me conviendrait entièrement; mais, au lieu d'être de 42, elle n'est que de 36.

Si donc je savais par quel nombre il faut multiplier 36, qui est la somme des termes de ma progression type, pour avoir 42, qui est la somme que je veux atteindre, il me suffirait de multiplier par ce nombre chaque terme de la progression type pour avoir ceux de la progression cherchée. Or le nombre par lequel il faut multiplier 36 pour avoir 42, **c'est le quotient de la division** $\frac{42}{36} = 1,166$; j'exécuterai donc ce calcul et j'aurai les termes suivants : 1,166; 2,332; 3,498; 4,664; 5,830; 6,996; 8,162; 9,328.

La somme de ces termes est 41,97, c'est-à-dire 42 à 3 centièmes près, petite différence qui vient de ce que la division de 42 par 36 ne pouvant être effectuée exactement, je me suis contenté de trois décimales.

Autre exemple :

Supposons qu'on veuille avoir huit termes dont la somme soit 100, ce qui forme entre eux une progression *à raison croissante*. Je cherche d'abord un type de progression, et si je la veux lente en commençant et rapide ensuite, j'essaye celle-ci :

1; 1,5; 4; 6; 9; 13; 18.

La somme des huit termes est 55. La division de 100 par 55 me donne au quotient 1,818. Je multiplie par ce nombre chacun des termes de la progression et j'ai les produits suivants :

1,818; 2,727; 4,545; 7,272; 10,908; 16,362; 23,634; 32,724.

La somme est de 99,99 ou 100.

La règle s'applique donc à tous les genres de progressions imaginables, et c'est là un grand avantage; mais il n'y a pas de règle à donner pour faire la somme des termes d'une progression à raison variable; il faut les écrire les uns sous les autres et en faire l'addition.

DEMANDE. **Donnez-nous la règle à suivre pour former une progression à raison variable.**

1° Former librement, et sans se préoccuper de la somme des termes, une progression type dont la marche paraisse convenable pour l'usage qu'on veut en faire;

2° Faire la somme des termes de cette progression;

3° Diviser la somme à obtenir par la somme trouvée;

4° Multiplier chaque terme de la progression type par le quotient de la division précédente.

Les produits obtenus seront les termes de la progression cherchée.

DEMANDE. **Comment simplifieriez-vous les termes d'une progression, afin de ne pas introduire dans les tableaux de coupe plus de deux décimales?**

RÉPONSE. J'estimerais chaque terme comme il suit :

EXEMPLE.

$$1,818 = 0^m,02$$
$$2,727 = 0^m,03$$
$$4,545 = 0^m,04$$
$$7,272 = 0^m,07$$
$$10.908 = 0^m,11$$
$$16,362 = 0^m,16$$
$$23,634 = 0^m,24$$
$$32,724 = 0^m,33$$

$$0^m,99,99 = 1^m,00$$

DEMANDE. **Dans quel cas les voiliers se servent-ils de progressions à raison constante ou à raison variable?**

RÉPONSE. La coupe des échancrures des voiles carrées exige des progressions à raison constante, parce que les coutures de ces voiles sont régulières et que leurs courbes sont des arcs de cercle ou à peu près; mais dans les envergures des focs courbes, malgré la régularité des coutures qui aboutissent à l'envergure, la nature de cette courbe exige des progressions à raison variable.

De même, dans les bordures rondes de focs et de voiles auriques, on fait toujours usage des progressions à raison variable ou croissante, telles que celle que nous avons exprimée ci-dessus où les termes croissent progressivement, régulièrement, et avec une rapidité toujours croissante. Il doit en être ainsi à cause des recouvrements forcés des coutures qui redressent les courbes à l'endroit où elles ont besoin de remonter rapidement.

Les voiliers ont grand besoin de s'exercer à faire

des progressions de toute espèce et où la somme des termes soit égale à une quantité donnée.

Table de Multiplication.

1	2	3	4	5	6	7	8	9
2	4	6	8	10	12	14	16	18
3	6	9	12	15	18	21	24	27
4	8	12	16	20	24	28	32	36
5	10	15	20	25	30	35	40	45
6	12	18	24	30	36	42	48	54
7	14	21	28	35	42	49	56	63
8	16	24	32	40	48	56	64	72
9	18	27	36	45	54	63	72	81

Cette table contient tous les produits de la multiplication des nombres simples les uns par les autres, depuis 1 jusqu'à 9. Il faut, de toute nécessité, se fixer ces produits dans la mémoire.

Pour se servir de la table de multiplication, on cherche d'abord le *multiplicande* dans la première colonne horizontale, ensuite le *multiplicateur* dans la première colonne verticale ; ces deux nombres trouvés, on descend verticalement de la case du multiplicande jusqu'à la rencontre de la série horizontale des cases où se trouve le multiplicateur, et le produit est indiqué par le nombre écrit dans la case placée à l'intersection des deux séries ou colonnes.

EXEMPLE. Pour multiplier 7 par 8, cherchez le

nombre 7 sur la première colonne vertica.e, puis le nombre 8 sur la première colonne horizontale; de la case 8 descendez verticalement jusqu'à l'endroit où la colonne que vous suivez coupera la colonne horizontale en tête de laquelle est le nombre 7 : vous trouverez 56 qui est le produit demandé. On fera de même pour tous les nombres depuis 1 jusqu'à 9.

Pour multiplier un nombre par 10, 100, 1000 ou en général par l'unité suivie d'autant de zéros que l'on voudra, il faut ajouter un pareil nombre de zéros à la droite du multiplicande. Si le *multiplicande* et le *multiplicateur* sont terminés tous deux par des zéros, on effectuera la multiplication sur les seuls chiffres significatifs, et on ajoutera à la suite du produit autant de zéros qu'il y en a dans les deux facteurs.

FIN.

Ce petit ouvrage étant destiné à parcourir les diverses nations maritimes, nous croyons utile de renseigner les Marins et autres personnes intéressées, en leur indiquant les noms et les adresses des Maîtres Voiliers du commerce et les Manufactures de toiles à voiles de France et d'Angleterre.

FRANCE.

MARSEILLE.

MAITRES VOILIERS: Aubert, rue Fontaine-Rouvière, 44. — Bierre, quai de Rive-Neuve, 9. — Clastrier oncle, quai du Port, 58. — Carozin, quai de Rive-Neuve, 29. — Durand, quai de Rive-Neuve, 11. — Gaimar, quai de Rive-Neuve, 17. — Maglione, rue Château-Follet, 52. — Revest, rue Ventomagy. — Rey (G.), quai de Rive-Neuve, 21. — Silvy, rue de Nuit, 7.

BORDEAUX.

MAITRES VOILIERS : ARNAULT, rue Maubec, 14. — ARNOUIL, quai de Bacalan, 124. — BOUDAT fils, quai Bourgogne, 50. — DROUILLARD frères, quai Carpenteyre, 27. — DUPÉ, rue des Faures, 60. — GONTIÉ, allée d'Orléans, 12. — JUTEAU, rue du Palais-de-l'Ombrière, 11. — LUCAS (AD.), rue des Faures, 27. — MÉDEVILLE, place du Marché-Neuf, 16. — MÉRIC aîné, façade des Chartrons, 54. — MERLANDE et Cⁱᵉ, place Bourgogne, 8. — PAQUENAUD (A.), rue de la Fusterie, 38. — ROUSSEAU, rue Poitevine, 20. — ROY, rue des Allamandiers, 32. SAILLAC aîné, quai de la Monnaie, 9. — SOULARD, quai des Bahutiers, 5. — THOMASSON, rue des Faures, 25. — TOURNILLAC, rue Bardinaud, 22.

NANTES.

MAITRES VOILIERS : BESNARD, place Petite-Hollande, 3. — BODY, quai de la Fosse, 80. — BOURSIER (P.), quai de la Fosse, 74. — BRIAND fils aîné, quai de la Fosse, 24. — BRIAND jeune, quai de la Fosse, 59. — CHEVALIER et LEBRETON, quai Turenne, 3. — CHUPIN, rue Dubreuil. — FARAUD et Cⁱᵉ, quai de la Fosse, 36. — GUILLEMET, quai de la Fosse. — LEBALCH et BIET, quai de la Fosse, 37. — MUSQUER, quai de la Fosse, 60. — TORION, quai de la Fosse, 53. — XAU, quai de la Fosse, 89.

HAVRE (Le).

MAITRES VOILIERS : AUGER (Vᵛᵉ) et DRANGUET. — BARBET. — BROUARD. — DUBOIS fils. — DUBOSQ. — DUVAL. — FAUQUÉ frères. — FRESSICOT et DUMONT. — GRAVIER. — LANGLOIS (Eug.). — LEBRIS et CANOVILLE. — LECOMTE. — LECOQ (J.). — LEFIEU. — LEGENVRE fils aîné. — LEGROS et DESCHAMPS. — LETELLIER. MILLET et TRIBOUT. — MORTIER et MARETTE. — PALFRAY frères. PETIT (A.). — RATOIN-ROGER. — SAMSON frères. — SÉNÉCHAL. — VOISIN.

DUNKERQUE.

MAITRES VOILIERS : Debaecker. — Maes (L.). — Maroote (Vᵛᵒ). — Meyer. — Plécy-Pyotte. — Steiz (H.), Verschoote. — Widhen.

ROUEN.

MAITRES VOILIERS : Contentin et Prantout. — Gimer, quai Petite-Chaussée, 27. — Férey, quai du Havre, 11.

CHERBOURG.

MAITRES VOILIERS : Duchemin. — Godet fils, sur le quai.

SAINT-MALO.

MAITRES VOILIERS : Dubourg. — Louet. — Monier.

BREST.

MAITRES VOILIERS : Chatal, quai Tourville. — Lamendour, quai Jean-Bart.

LORIENT.

MAITRES VOILIERS : Chamboulan, rue de la Comédie, 55. — Pédron, à Port-Louis.

ROCHELLE (La).

MAITRES VOILIERS : Roux. — Chillou. — Panchéve.

ROCHEFORT.

MAITRES VOILIERS : Marcou (Jules). — Guillot (à Charente). — Maudin (à Port-d'Enveaux).

ROYAN (Charente-Inférieure).

MAITRES VOILIERS : Dion. — Bergeon, ancien élève de l'École de voilerie.

CHAPU (Charente-Inférieure).

MAITRES VOILIERS : Gouineau. — Augé.

ILE DE RÉ (Saint-Martin).

MAITRES VOILIERS : Perrier. — Guitteau, ancien élève de l'École de voilerie. — Delage (à la Flotte, même île).

AIGUILLE (Charente-Inférieure).

MAITRES VOILIERS : Groleau. — Roy.

LA TREMBLADE (Charente-Inférieure).

MAITRES VOILIERS : Lagrange. — Barjeaud.

BAYONNE.

MAITRES VOILIERS : Cazavan (B.). — Courreau (P.). — Lalamu (S.). — Michel. — Dithurbide.

TOULON.

MAITRES VOILIERS: Consove. — Albinzi, sur le port. —
Silvy, à la Seigne.

CETTE (Bouches-du-Rhône).

MAITRES VOILIERS : Celly (E.). — Fanguière (Félix).
— Jourdan.

ANGLETERRE.

—

LONDRES.

MAITRES VOILIERS : Aspinall, Brooke et Dean, 146,
Minories, E. — Coubro et Potter, 27, Goodman's Yard, Mino-
ries, E. — Frost (W.-N.) et Cᵗᵉ, 320, Wapping, E. — Horn
(Jos. Edw.), West India dock Road, E. — Jolly (Rd.) et fils,
273 et 277, Wapping, E. — Lambert (H. Ths.), 1, John Street,
Minories, E. — Maughan (A.-J.), 56, Lower Shadwell, E. —
Robertson (G.) et fils, St-Ann's Place, Limehouse, E. — Salis-
bury et Rawling, 12, West India dock Road, E. — Scrutton et
Campbell, India Terrace, West India dock Road. — Sutton
(Jos.), 43, Bankside, S.-E. — Traill (G.) et fils, 43, 44 et 45,
Wapping High Street, E. — Williams et Bake, 13, Emmet
Street, Poplar, E.

MANUFACTURES ET DÉPOTS DE TOILES A VOILES

DE FRANCE ET D'ANGLETERRE.

—

FRANCE.

AGEN (Lot-et-Garonne), MM. Adrien Courdin et Cie.

AMIENS (Somme), MM. Adrien Bomy et Cie.

ANGERS (Maine-et-Loire), MM. Joubert-Bonnaire et Cie.

RENNES (Ille-et-Vilaine), M. Champion (H.) et Ad. Porteu.

DINAN (Côtes-du-Nord), Mlle Duchemin.

DUNKERQUE (Nord), MM. Dickson et Cie.

FÉCAMP (Seine-Inférieure), dépôt de MM. Huret, Lagache et Cie.

FEGERSHEIM (Bas-Rhin, arrondissement de Strasbourg), M. Hemmerdinger fils.

HAVRE (Seine-Inférieure), dépôts de divers fabricants, chez M. Bossière (Émile).

MARSEILLE (Bouches-du-Rhône), MM. Achard (Gustave et Louis), rue Glandevès, 10.

NANTES (Loire-Inférieure), MM. Briand fils aîné, Chérot et Cie, Duval, Heurthaux et Cie, Faraud et Cie.

NOYAL-SUR-VILAINE (arrondissement de Fougères), MM. Beaulieu, Dumon, Georgeault (F.), Gratien, Le Fèvre, Levesque et Cie.

PONT=DE-BRIQUES (*) (arrondissement de Boulogne-sur-Mer), MM. Huret, Lagache et Cie.

SAINT-MALO (Ille-et-Vilaine), M. Hovins fils.

LANDERNEAU (Finistère, arrondissement de Brest), MM. Heusé et Cie (Société linière).

ANGLETERRE.

ARBROATH (comté de Forfar, Écosse), MM. Anderson, Cossar frères, Duncan et Cie, J.-S. Esplin, D. Fraser, A. Lowson, B. Lumgair et fils, A. Mann, F. et W. Webster et fils.

DUNDEE (comté de Forfar, Écosse), MM. Baxter frères et Cie.

LEITH (comté de Forfar, Écosse), The Edinburgh Ropery Company.

GREENOCH (comté de Renfrew, Écosse), The Greenoch Ropery Company.

Dans notre prochaine édition, nous nous proposons de rectifier les erreurs existant dans la première par suite des changements d'adresses qui pourraient avoir eu lieu et que n'aurait pas constatés l'*Almanach du Commerce* pour 1862, auquel nous avons emprunté la plus grande partie de nos renseignements.

(*) L'une des meilleures fabriques de toiles à voiles.

TABLE DES MATIÈRES.

Pages.

PRÉFACE 5

HISTORIQUE DES INNOVATIONS QUI ONT ÉTÉ INTRODUITS DANS LA CONFECTION DES VOILES 7

NOTIONS PRÉLIMINAIRES 15

PREMIÈRE PARTIE.

Méthode pour prendre à bord les mesures des voiles, suivie de la coupe à côtés droits de quelques-unes.

Prendre les mesures d'un foc à bord du navire 23
Tracé et calcul du foc 24
Tableau de coupe 27
Déterminer les mesures d'un hunier à bord du navire. 30
Calculer les mesures des perroquets et cacatois 36
Déterminer les mesures d'une grand'voile carrée à bord du navire 38
Calculer les dimensions de la grand'voile 40
Manière de prendre les mesures d'une brigantine ou voile goëlette à bord du navire 41
Tracé et calcul de la brigantine 43
Relever les mesures d'un flèche à bord du navire 50
Relever les mesures de la voilure d'une embarcation. 51
Relever les mesures des tentes à bord du navire . . . 52

Pages.

Différents modes de couper les voiles............ 54

1° { Coupe au piquet voiles planes............ 54

     —   voiles courbes............ 55

2° Coupe à la main........................ 59

3° — à l'échelle...................... 61

Manière de déterminer le nombre de mètres de toile courants d'une surface de voile quelconque...... 63

Observation importante au sujet de la durée des voiles. 65

DEUXIÈME PARTIE.

Coupe des voiles à côtés courbes, méthode graphique.

Du foc courbe. Différence qui existe entre deux focs de même plan, dont l'un est coupé *plan* et l'autre *courbe*............ 67

Règles à suivre dans la coupe du foc courbe....... 68

Du mou à donner dans les laizes de chute des voiles auriques et latines...................... 69

Construction de la Table de coupe.............. 71

Tracé du foc courbe à bordure droite par les Tables. 71

Tracé du foc courbe à bordure ronde...,........ 77

Tracé d'un foc courbe à flèches forcées.......... 82

Du lis du vent........................ 86

Voile d'étai........................ 86

De la voile à antenne...................... 88

De la voile de houari 95

Foc d'embarcation...................... 100

Tracé du hunier à côtés courbes.............. 103

  —   du perroquet.................. 106

Basses voiles carrées...................... 110

De l'artimon........................ 114

Pages.

De la bonnette haute et de la bonnette basse....... 115

Règles à suivre pour les voiles auriques à côtés courbes. 117

Coupe d'une brigantine, par les Tables........... 126

Du flèche-en-cul.............................. 127

Coupe d'un flèche-en-cul, par les Tables.......... 132

Observation importante sur les Tables de coupe..... 133

Avis.. 135

Notions d'arithmétique....................... 145

Première Leçon : De la numération............. 145

Deuxième Leçon : Des quatre règles fondamentales.. 148

Troisième Leçon : Des fractions 153

Quatrième Leçon : Des proportions 157

Cinquième Leçon : Règle de trois. — Règle de société.
— Règle d'alliage. — Règle d'intérêt. — Du mètre. 160

Sixième Leçon : De la racine carrée et des progressions 168

Noms et adresses des Maitres Voiliers du commerce de France et d'Angleterre...................... 181

Manufactures et dépots de toiles a voiles de France et d'Angleterre.......................... 186

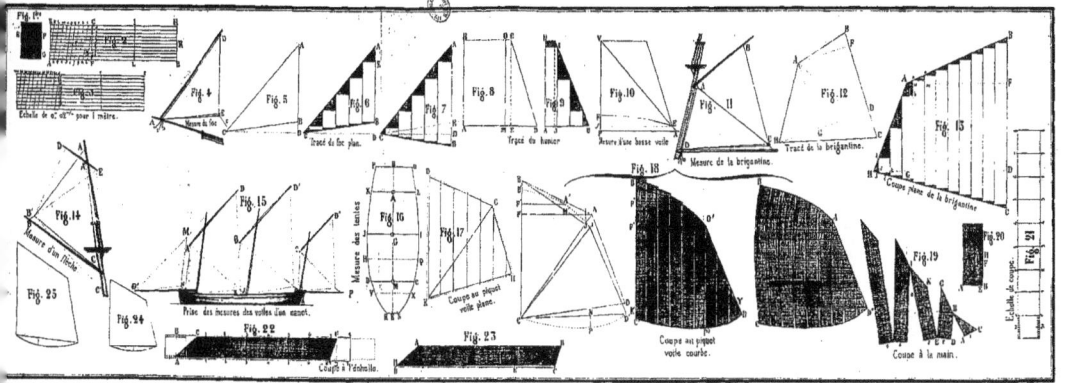

Méthode pratique sur la coupe des Voiles des navires et des embarcations, par B. CONSOLIN.

Méthode pratique sur la coupe des Voiles des navires et des embarcations, par B. CONSOLIN.

Table réduite à 0^m,54. **Méthode pratique sur la Coupe des Voiles.** Table réduite à 0^m,51. Pl. muette.

Méthode pratique sur la coupe des Voiles des navires et des embarcations, par B. CONSOLIN.

LIBRAIRIE DE MALLET-BACHELIER

QUAI DES AUGUSTINS, 55.

CONSOLIN, (B.), Maître Voilier entretenu de la Marine impériale, professeur du Cours de Voilerie à Brest. — Manuel du Voilier, publié par ordre de *S. Exc. M. l'Amiral Hamelin*, Ministre de la Marine, ouvrage approuvé pour l'instruction des élèves de l'Ecole Navale et pour celle des Voiliers des arsenaux. Grand in-3 sur jésus de 528 pages et 11 planches; 1859 .... 12 fr.

CONNAISSANCE DES TEMPS ou DES MOUVEMENTS CÉLESTES, à l'usage des Astronomes et des Navigateurs, **POUR L'AN 1864**, publiée par le **BUREAU DES LONGITUDES**. In-8 sur grand raisin.

Nouveau prix fixé par le Bureau des Longitudes ...... 3 fr. 5o c.

— Avec ADDITIONS. (Rapport sur l'état actuel de la Géodésie et sur les travaux à entreprendre par le Bureau des Longitudes pour compléter la partie astronomique du réseau français (Commissaires : MM. *Delaunay, Laugier, Faye* Rapporteur). — Mémoire sur l'équation séculaire de la Lune; par M. *Delaunay*. — Sur la Table des positions géographiques; par le colonel *Peytier*.. 6 fr. 5o c.

Année 1865.. 3 fr. 5o c.

CONNAISSANCE DES TEMPS ou DES MOUVEMENTS CÉLESTES A L'USAGE DES ASTRONOMES ET DES NAVIGATEURS.

Prix de chaque année sans Additions........... 5 fr. »
1860, avec Additions par MM. Laugier et Liouville ..... 7 fr. 5o c.
1861, avec Additions par M. Delaunay................. 7 fr. 5o c.
1862, avec Additions par M. Delaunay................. 7 fr. 5o c.
1863, avec Additions par M. Delaunay................. 7 fr. 5o c.

On peut se procurer la Collection complète, ou des années séparées de cet ouvrage, depuis 1760 jusqu'à ce jour.

LAUSSEDAT (A.), Capitaine du Génie. — **Leçons sur l'Art de lever les Plans**, comprenant les levers de terrain et de bâtiment, la pratique du nivellement ordinaire et le lever des courbes horizontales à l'aide des instruments les plus simples. Ouvrage utile aux Propriétaires, aux Agents des travaux publics, aux Instituteurs primaires, aux Élèves des Ecoles normales et industrielles et aux Sous-Officiers de l'armée. In-4, avec 10 planches; 1861.................................... 5 fr.

OGER (F.), Professeur d'Histoire et de Géographie.— **Géographie physique, militaire, historique, politique, administrative et statistique de la France**, *rédigée conformément au Programme officiel;* à l'usage des Candidats à l'Ecole militaire de Saint-Cyr et à l'enseignement géographique des Lycées. 3e édition, revue, corrigée et augmentée de la **Géographie générale** et de la **Géographie industrielle et commerciale**; avec ATLAS de 23 Cartes. In-8; 1861.................... 10 fr.

OGER (F.), Professeur d'Histoire et de Géographie. Maître de conférences au Collège Sainte-Barbe. — **Histoire de France et Histoire générale depuis l'avénement de Louis XIV jusqu'à la chute de l'Empire (1643-1815).** (*Cours de Rhétorique, rédigé conformément au Programme officiel.*) In-8; 1862.................................... 7 fr.

PARIS. — IMPRIMERIE DE MALLET-BACHELIER,
RUE DE SEINE-SAINT-GERMAIN, 10, PRÈS L'INSTITUT.

www.ingramcontent.com/pod-product-compliance
Lightning Source LLC
Chambersburg PA
CBHW060550210326
41519CB00014B/3423